KB146673

가장 단순하게 수학을 말하다

감사의 글

먼저 내게 수학과 과학에 대한 열정을 물려주신 아버지 말콤에게 감사를 표합니다. 또한 쉬지 않고 수학에 대해 떠드는 내 이야기를 들어주신 어머니 크리스틴과 수학 주제에 대해 매우 유익한 토론을 해 준 내 조카 잭에게 감사를 표한다. 전체 조사 및 집필 과정에서 내 옆에 있어준 덱스터와 매우 조용하게 지내어 나를 방해하지 않은 동생 헬렌에게도 감사를 표한다. 마지막으로 수학 교육에 대한 열정을 출판할 수 있는 기회를 주신 출판 팀의 애비와 케이티에게도 감사를 표한다.

일러두기

1. 이 책의 맞춤법과 인명, 지명 등의 외래어 표기는 국립국어원의 규정을 바탕으로 했으며, 규정에 없는 경우는 현지 음에 가깝게 표기했습니다.

2. 영어, 한자, 부가 설명은 본문 안에 괄호 처리했으며, 인명은 본문 안에 병기로 처리했습니다.

한 번에 이해하는 단숨 지식 시리즈 02

숫자로 시작해
확률과 통계로
끝내는

가장 단순하게 수학을 말하다

◇◇◇◇◇◇◇◇
케이트 럭켓 지음 김수환 옮김

하이픈
HYPHEN

차례

머리말

수학은 주변 세계를 이해하려는 우리에게 혼돈 속 질서를 제공한다. 수학 기술을 학습함으로써 우리는 추론력과 창의적 사고력, 그리고 비판적으로 생각하는 힘을 얻는다. 수학을 연습해서 얻을 수 있는 가장 중요한 기술은 문제를 체계적으로 해결하는 능력이며, 이것이 바로 수학의 핵심이다.

이 책은 이야기를 간단한 계산에서 확률·통계와 같은 심화 주제로 확장해나간다. 이 책은 철저한 개념 설명과 재미있는 예제로 중요한 수학적 용어와 기호를 소개한다. 또한 과학, 예술, 자연 등 다양한 곳에 수학이 적용되는 것을 보며 수학이 얼마나 유용한 것인지 알게 될 것이다. 또한 한 장이 끝나면 짧은 퀴즈를 통해 학습 진행 상황을 테스트해 볼 수 있다.

이 책의 전반부는 숫자와 산술에 대한 주제를 다룬다. 이는 어떤 사람들에게는 시시하겠지만, 수학적 지식을 구축할 기초 지식 기반을 확인하는 데 꼭 필요한 내용이다. 지식 기반이 부족한 사람이 무작정 수학 공부를 시작하면 어려움을 겪게 된다. 그러니 이러한 공백을 채운 뒤에 복잡한 이론을 진행하여 제대로 이해할 수 있도록 하는 것이 중요하다.

지식 기반이 구축된 후에는 더 복잡한 계산과 복잡한 유형의 숫자(소수점, 분수 및 측정, 단위)를 다룬다. 그런 다음 실제로 우리 주변에서 볼 수 있는 예시를 통해 측정 시스템 간 변환 방법을 이해하고, 평면도형과 입체도형을 식별 및 설명하고, 각 규칙을 사용하여 기하학에 대하여 학습한다.

뒤이어 많은 오해를 받고 있지만, 여전히 가장 유용한 분야인 대수학을 다룬다. 대수학은 문제를 더 빨리 해결할 수 있도록 돕고 논리적 사고를 강화하는 동시에 이후 배울

통계의 기초를 형성하는 데 도움을 준다. 또한 대수학은 아인슈타인의 상대성 이론이나 중력 법칙과 같은 실제 현상의 기본 형식으로 사용되기도 한다.

데이터를 표현하는 것 또한 수학에 포함된다. 9장에서는 표나 그래프처럼 단순한 형태로 데이터를 제시하는 다양한 방법을 다룰 것이다.

마지막 장에서는 단순히 수학적 개념을 배우고 연습하는 것을 넘어 이러한 개념이 어디에서 왔으며 오늘날 세계에서 어떻게 사용되는지를 살펴본다.

이 책은 수학에 흥미를 가진 모든 사람들이 개념에 보다 쉽게 접근할 수 있도록 하기 위해서, 또한 수학이 얼마나 흥미로운지 보여주기 위해 만들어졌다. 이 책은 열렬한 수학자부터 수학을 싫어하는 사람들까지, 문제를 해결하고 자신의 주변 세계를 형성하는 능력을 개발하는 데 도움이 될 주제들을 담고 있다.

책 소개

10개의 주제로 구성된 이 책은 가벼운 마음으로 수학 공부를 시작하도록 설계되었으며, 천천히 핵심 개념을 다루며 수학의 핵심적인 초석을 소개한다. 모든 개념은 이전 장으로부터 영향을 받아 단계적으로 구성되기 때문에 책을 순서대로 읽고 학습하는 것이 좋다. 그러나 이해가 되지 않는 부분이 있다면 다음 주제로 넘어가 그것이 헷갈렸던 내용을 이해하는 데 도움이 되는지 확인해 보자.

- **이 책의 주제**
  각 장의 도입부에는 간단한 서론과 함께 주요 학습 주제가 설명되어 있다.

토막 상식

거의 모든 장마다 한눈에 들어오는 자투리 지식을 담았다. 조금 사소할지 몰라도 재미있고 유용한 상식이니 꼼꼼히 읽길 바란다.

퀴즈

각 장의 끝에는 퀴즈가 있다. 다음 장으로 넘어가기 전에 이번 주제를 얼마나 이해했는지 스스로 확인해 볼 수 있다.

간단 요약

각 장의 끝에 요약을 준비했다. 주제를 간단하게 복습하는 데 도움을 주니 꼭 한 번씩 읽어보자.

쪽지 시험

주제마다 쪽지 시험이 있다. 이를 통해 학습 내용을 제대로 이해했는지, 실생활에 응용할 수 있는지 확인해 볼 수 있다. 해당 주제를 공부한 직후에 푸는 편이 좋으며, 막힌다고 해서 앞의 내용을 흘끔거려서는 안 된다.

- **정답**
  퀴즈와 쪽지 시험의 답은 책의 뒤쪽에 있다. 답을 베끼지 말고 꼭 자신의 힘으로 풀자!

① 수학의 구성요소, 숫자

숫자는 수학을 구성하는 기본 요소이다. 따라서 다양한 숫자의 종류와 그것을 다루는 방법을 아는 것은 매우 중요하다. 이번 1장에서는 숫자를 효과적으로 읽고 쓰는 방법, 매우 큰 숫자와 아주 작은 숫자를 다른 형식으로 변환하는 방법, 효과적으로 숫자를 어림하는 방법 등에 대해 배울 것이다. 또한 몇 가지 중요한 숫자의 종류를 소개하고자 한다.

 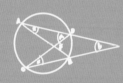

── 이번 장에서 배우는 것 ──

∨숫자와 순서   ∨반올림과 근삿값
∨음수   ∨수의 범위
∨소수   ∨인수, 곱, 소수
∨숫자의 일반 형태   ∨제곱과 세제곱

1.1 숫자와 순서

숫자는 어디에나 있다. 버스 시간표에서도 콘서트 표 가격에서도 볼 수 있으며, 소셜 미디어 게시글에 달린 좋아요 개수를 셀 때도 쓰인다. 이처럼 숫자는 어디에나 존재하며 우리에게 필수적인 정보를 전해준다. 숫자가 우리 삶에 미치는 영향을 알고 싶다면 하루 동안 숫자를 세거나 읽어야 하는 상황이 얼마나 일어나는지 기록해 보자. 아마 놀라게 될 것이다.

숫자는 사물의 양을 전달하는 방법이다. 처음 숫자를 배울 때는 보통 알록달록한 블록을 가지고 놀며 1에서 10까지 세는 방법을 배운다. 그것을 통해 다른 사람에게 사물의 양을 전달할 수 있게 된다. 1~10의 순서를 배운 뒤에는 수의 단위를 배운다. 맨 오른쪽은 일의 자릿수이며, 왼쪽으로 갈수록 단위가 커진다. 십의 자릿수, 백의 자릿수, 천의 자릿수 등이다. 이처럼 숫자를 십이나 백의 단위로 묶는 방법은 쉽고 빠르게 이해할 수 있다.

하지만 숫자가 항상 쉬운 것만은 아니다. 우리가 사용하는 아라비아 숫자는 로마 숫자보다 훨씬 쉽다. 예를 들어 1,999를 로마 숫자로 표현하면 MCMXCIX이다. 이처럼 아라비아 숫자는 정보를 빠르고 효과적으로 전달한다는 장점이 있다.

토막 상식

거의 모든 곳에서 숫자를 발견할 수 있다. 하지만 숫자를 중요하게 생각하지 않는 사람들도 있다. 바로 아마존의 피라항족이다. 그들은 2보다 큰 숫자를 표현하는 방법을 가지고 있지 않다. "하나", "둘", 그리고 "많다"라고 표현할 뿐이다. 또한 "하나"는 "적다"를 의미하기도 한다.

단숨에 알아보기
135,792,468을 각 단위대로 읽으면

135,792,468

일억
삼천만
오백만
칠십만
구만
이천
사백
육십
팔

일천　　　구백　　　구십　　　구

특별한 숫자들

어떤 숫자들은 특별한 이름으로 불리곤 한다. 예시로 정수, 짝수, 홀수, 소수, 제곱, 제곱근 등이 있다. '정수'는 1, 2, 3 등을 포함한 자연수를 나타낸다. '짝수'는 2로 나누었을 때 정수가 되는 숫자를 뜻한다. 예를 들어 8을 2로 나누면 4가 된다. 8은 짝수이다. 홀수를 2로 나누었을 때의 결괏값은 정수가 아니다. 예를 들어 7을 2로 나누면 3.5가 된다.

숫자의 순서

오름차순은 목록에 있는 수들을 작은 수부터 큰 수의 순서로 나열한다. 내림차순은 큰 수부터 작은 수 순으로 나열한다. 예를 들어 동네 주민들을 나이 순서대로 정리하면 누가 가장 어린지, 누가 가장 나이가 많은지, 어떤 연령층의 인구가 가장 많은지 파악할 수 있다.

단숨에 알아보기
로마 숫자

I	= 1
V	= 5
X	= 10
L	= 50
C	= 100
D	= 500
M	= 1,000
CM	= 1,000-100 = 900
XC	= 100-10= 90
IX	= 10-1= 9

쪽지 시험

1. 22,465를 글로 표현해 보자.

2. 547,930에서 백의 자릿수는 무엇일까?

　A.5　　B.3　　C.7　　D.9

3. 이 중 정수는 무엇일까?

　A. 237.5　　B.32.9　　C.9011　　D.21.4

4. 227은 짝수일까 홀수일까?

1.2 음수

음수는 0보다 작은 수이며 숫자 앞에 '-(마이너스)'를 사용해 표시한다. 음수는 은행에서 빚을 표현할 때 나타낼 때 사용되고, 주식 시장에서는 주가가 떨어진 것을 나타내며, 온도계에서는 영하를 나타낸다. 하지만 항상 나쁜 의미로만 사용되는 것은 아니다. 골프에서는 점수가 음수일수록 좋다.

0보다 작은 수는 음수, 0보다 큰 수는 양수라고 하며, 0은 음수도 양수도 아니다. 아래의 수직선을 사용하면 음수의 개념을 쉽게 이해할 수 있다. 음수에 어떤 수를 더할 때는 수직선에서 우측으로 이동하고, 뺄 때는 왼쪽으로 이동한다. 오른쪽으로 갈수록 수가 커지고, 왼쪽으로 갈수록 작아진다. 20은 2보다 큰 수이지만 음수일 때는 다르다. -20은 -2보다 왼쪽에 있으므로 더 작은 수이다.

단숨에 알아보기
음수를 더하거나 빼는 방법
음수를 더하거나 뺄 때는 2가지 규칙이 있다.

1. 음수를 더할 때는 수직선 왼쪽으로 움직인다. 즉, 수가 작아진다.
2. 음수를 뺄 때는 수직선 우측으로 움직인다. 즉, 수가 커진다.

수직선

-10 -9 -8 -7 -6 -5 -4 -3 -2 -1 0

-3에 5를 더하면 오른쪽으로 5칸 이동해서 2에 도착한다.

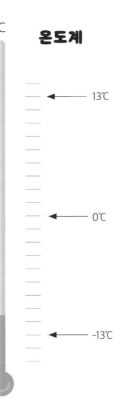

온도계

← 13℃

← 0℃

← -13℃

기후 변화

음수를 사용하는 상황 중 하나는 바로 온도를 표현할 때이다. 온도의 변화 역시 수직선을 사용해 표현하면 이해하기 쉽다.

예를 들어 제임스는 자신의 식당에 둘 새로운 냉동고를 구매해 냉동실 온도가 -17℃ 미만으로 유지되도록 설정했다. 처음 플러그에 연결해 사용할 때는 -6℃였지만, 다음날 온도를 재어보니 -19℃였다. 수직선에 두 점을 그려보면 냉동고 온도가 -13℃감소한 것을 알 수 있다.

1 2 3 4 5 6 7 8 9 10

-3에서 5를 빼면 왼쪽으로 5칸 이동해서 -8에 도착한다.

|1.3 소수점은 무엇을 뜻할까?

'소수'는 정수와 정수 일부분을 함께 나타낸다. '소수점'이라고 불리는 이 점은 정수와 정수 일부분을 나누는 기점이 된다. 소수점 뒤의 숫자는 정수와 마찬가지로 소수점 일의 자리, 십의 자리, 백의 자리 등으로 이어진다.

우리는 〈1.1 숫자와 순서〉에서 일의 자리에서 왼쪽으로 한 칸 가면 십의 자리이며, 또 왼쪽으로 한 칸 더 가면 백의 자리라는 사실을 배웠다. 소수점 또한 이와 비슷하게 오른쪽으로 갈수록 점점 더 작은 숫자를 나타낸다.

소수점을 오름차순이나 내림차순으로 정리하는 것은 상당히 까다로워서 실수하게 될 수도 있다. 가장 작은 수를 찾을 때 저지르는 실수 중 하나는 바로 소수점 이후 자릿수가 가장 적은 숫자를 찾는 것이다. 물론 이는 올바른 방법이 아니다.

단숨에 알아보기
소수점 표
다음의 표는 소수점 좌우 방향의 자릿수를 나타낸다.

천의 자리	백의 자리	십의 자리	일의 자리	소수점	소수점 첫 번째 자리	소수점 두 번째 자리	소수점 세 번째 자리
4	**3**	**2**	**1**	**.**	**2**	**3**	**4**

토막 상식 포뮬러1(F1)처럼 빠르게 진행되는 스포츠에서는 소수점 아래 백 분의 일 초 단위까지도 중요하게 따진다. 2002년 미국 그랑프리에서 우승한 루벤스 바 히셀루는 0.011초 차이로 미하엘 슈마허를 제치고 결승선에 들어왔다.

2002 미국 그랑프리 결과

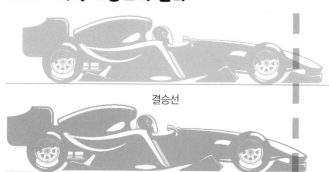

1:31:07.934

루벤스 바히셀루

결승선

+ 0.011

미하엘 슈마허

예를 들어 6명이 멀리 뛰기를 해 다음의 기록을 얻었다.

1.78m 1.692m 1.7m 1.71m 1.69m 1.764m

예시의 기록을 비교하기 위해 가장 먼저 할 일은 모든 수의 끝에 0을 넣어서 자릿수를 맞추는 것이다. 위 숫자 중 가장 긴 자릿수에 맞추면 다음과 같다.

1.780m 1.692m 1.700m 1.710m 1.690m 1.764m

일의 자릿수는 모두 1로 같기 때문에 크기를 비교하는 데 도움이 되지 않는다. 하지만 소수점 아래 첫 번째 자리가 6인 두 숫자가 있다. 그중 누가 더 작은지를 알기 위해서는 소수점 아래 세 번째 자리를 따져야 한다. 2가 0보다 크니 1.690m가 1.692m보다 작다.

이제 1.7m대로 넘어가자. 남은 모든 숫자는 소수점 아래 첫 번째 자리가 7이니 소수점 아래 두 번째 자리를 살펴보자. 1.700m는 1.710m보다 작고, 1.710m는 1.764m보다 작고, 1.764m는 1.780m보다 작다. 즉 최종 순서는 다음과 같다.

1.69m 1.692 m 1.7 m 1.71 m 1.764 m 1.78 m

쪽지 시험

1. 23.8012에서 8은 무엇일까?

  A. 백의 자리

  B. 십의 자리

  C. 소수점 첫 번째 자리

  D. 일의 자리

2. 4.893에서 3은 무엇일까?

  A. 일의 자리

  B. 소수점 두 번째 자리

  C. 천의 자리

  D. 소수점 세 번째 자리

3. 다음 중 가장 작은 수는 무엇일까?

  A. 0.318   B. 0.32

  C. 0.3168   D. 0.321

4. 다음의 수들을 오름차순으로 정렬해 보자.

  4.1, 3.982, 3.98, 4.02, 4.091, 3.99

1.4 과학적 표기법, 지수식

매우 크거나 매우 작은 숫자는 잘못 쓰거나 잘못 계산하기 일쑤다. '과학적 표기법(지수)'은 그런 크고 작은 숫자를 적는 표준적인 방법을 제시한다. 예를 들어 지구에서 태양까지의 거리는 149,600,000,000m인데 과학적 표기법을 사용하면 1.496×10^{11}m 라고 적을 수 있다. 박테리아의 크기는 0.00000005m로 매우 작은데 이는 5×10^{-8}m 라고 적을 수 있다.

과학적 표기법은 세 가지 중요한 규칙을 따르며 매우 특정한 형태를 가진다. 이 형태는 다음과 같다: ① N은 1에서 10 사이의 수이되 10일 수는 없다. 따라서 $1 \leq N < 10$ 이라고 쓸 수 있다. ② 공식에서 "y"로 표현되는 지수는 소수점이 어떤 방향으로 얼마나 움직일지를 나타낸다. ③ y가 양수일 때는 큰 숫자를 나타내고, 음수일 때는 작은 숫자를 나타낸다.

단숨에 알아보기

숫자를 지수식으로 표현하는 방법

$$N \times 10^{y}$$

큰 수를 지수식으로 변환할 때는 우선 앞자리 숫자를 확인한 뒤, 소수점이 몇 자리 이동하는지 계산해야 한다. 예를 들어 인체에는 약 37,200,000,000,000개의 세포가 있다. 이 경우 N은 3.72이다. 또한 소수점이 왼쪽으로 13자리 이동했으므로 지수식은 3.72×10^{13}이 된다.

 허블우주망원경이 처음 보내온 이미지는 흐릿했다. 불행하게도 전문가들은 망원경을 발사한 이후에서야 주경(primary mirror)이 너무 평평하다는 사실을 발견했다(1×10^{-6}m). 즉 표면이 충분히 구부러지지 않아서 발생한 사고였다.

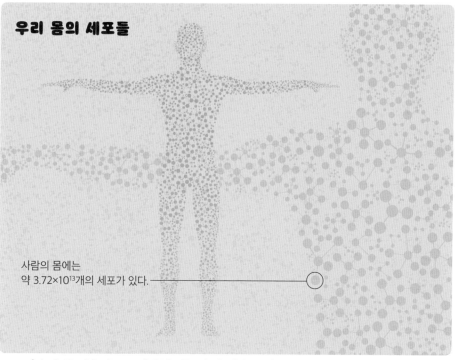

우리 몸의 세포들

사람의 몸에는
약 3.72×10^{13}개의 세포가 있다.

작은 수를 지수식으로 변환할 때는 음의 지수를 사용한다. 인간을 이루는 세포의 무게는 대략 0.000000000001kg이다. 이것을 지수식으로 변환해 보자. 먼저 0이 아닌 첫 번째 숫자 1이 N이다. 이어서, 소수점이 오른쪽으로 12번 움직였으니 y는 -12이다. 따라서 0.000000000001kg는 1×10^{-12}kg으로 표현할 수 있다.

지수식 형태의 숫자를 정렬하기

지수식으로 변환한 수와 변환하지 않은 수가 혼합된 경우, 모든 숫자를 지수식으로 변환하면 크기를 쉽게 비교할 수 있다. 지수가 양수면 지수가 클수록 숫자가 커진다. 지수가 음수면 지수가 작을수록 숫자가 커진다.

쪽지 시험

다음의 수를 지수식으로 변환해 보자.

1. 2,000 = ?

2. 57,210,000 = ?

3. 0.00004 = ?

4. 0.00000000692 = ?

1.5 반올림과 어림하기

수를 반올림하는 이유를 생각해본 적이 있는가? 반올림하면 수를 단순하게 만들 수 있고 더 쉽게 계산할 수 있다. 하지만 반올림된 수는 실제 값을 어림한 것이므로 정확한 값이 아니라는 점에 유의해야 한다. 만약 정확한 결과가 필요한 것이 아니라면, 반올림한 수로 계산하는 것이 더 쉽다.

숫자를 반올림해 단순하게 만들면 계산하기에 더 쉽다. 보통 십의 자리나 백의 자리, 천의 자리에서 반올림한다. 하지만 소수점이나 분수가 있는 경우 일의 자리에서 반올림하기도 한다.

반올림에는 두 가지 중요한 숫자들이 있다. 이 숫자들을 "키(key) 숫자"와 "결정 숫자"라고 부르자. 키 숫자는 반올림했을 때 올라가거나 내려가는 단위를 나타낸다. 예를 들어 187,426을 십의 자리로 반올림한다면, 키 숫자는 십의 자리 수인 2이다. 키 숫자 바로 오른쪽에 있는 수가 결정 숫자이며, 이 예시에서는 6이 결정 숫자에 해당한다.

토막 상식

종종 정확히 알 수 없는 금액을 설명하기 위해서 반올림을 사용하기도 한다. 건축업자는 확장 비용을 정확히 알지는 못하지만, 추정할 수는 있다. 따라서 예산이 충분하다는 것을 알 수 있도록 예상 금액을 올림해서 사용할 수 있다.

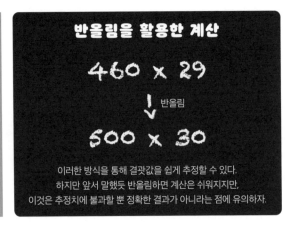

반올림을 활용한 계산

460 × 29

↓ 반올림

500 × 30

이러한 방식을 통해 결괏값을 쉽게 추정할 수 있다.
하지만 앞서 말했듯 반올림하면 계산은 쉬워지지만,
이것은 추정치에 불과할 뿐 정확한 결과가 아니라는 점에 유의하자.

반올림의 규칙

반올림에는 두 가지 규칙이 있다.

1. 결정 숫자가 5보다 작으면(0~4) 키 숫자는 그대로 유지된다.

2. 결정 숫자가 5보다 크거나 같으면(5~9) 키 숫자가 1 증가한다.

이전 페이지의 예시 187,426에서 결정 숫자는 6으로, 5보다 크다. 따라서 키 숫자 2를 3으로 반올림할 수 있으며, 최종 숫자는 십의 자리에서 반올림되어 187,430이 된다.

소수 자릿수의 반올림도 같은 과정을 따르지만, 10분의 1 또는 100분의 1 등의 소수 자릿수에서 반올림된다. 소수점 이하 자릿수는 소수점 오른쪽의 자릿수를 나타낸다. 예를 들어 8.354에서 4는 소수점 세 번째 자릿수에 해당한다.

4.901을 소수점 두 번째 자리에서 반올림하면 소수점 두 번째 자리 숫자가 키 숫자가 된다. 결정 숫자는 소수점 세 번째 자리 숫자이다. 이에 따르면 결정 숫자 1은 5보다 작으므로 키 숫자가 그대로 유지되어 4.90이 된다.

쪽지 시험

1. 1,985,640을 백만의 자리에서 반올림해 보자.
   A. 1,000,000   B. 2,000,000
   C. 1,990,000   D. 1,985,700

2. 770을 백의 자리에서 반올림해 보자.
   A. 800   B. 700   C. 750   D. 850

3. 11.5를 일의 자리에서 반올림해 보자.
   A. 12   B. 11   C. 11.9   D. 10

4. 11.086을 소수점 두 번째 자리에서 반올림해 보자.
   A. 11.1   B. 11.08   C. 11.087   D. 11.09

1.6 한계 범위, 반올림의 오차

숫자를 반올림해 계산한 결과는 정확하지 않다. 이러한 결괏값에는 약간의 오차가 포함되는데, 한계 범위를 통해서 그러한 오차를 고려할 수 있다. 반올림된 수는 원래 수에서 반올림될 수 있는 가장 낮은 값과 큰 값 사이에 위치한다. 이것을 '한계 범위'라고 부른다.

한계 범위는 해당 결과로 반올림될 수 있는 수의 범위를 뜻한다. '상한'은 결괏값으로 반올림할 수 있는 수 중 가장 큰 수를 뜻하고, '하한'은 결괏값으로 반올림할 수 있는 수 중 가장 작은 숫자를 뜻한다. 예를 들어 십의 자리에서 반올림하여 180cm가 되는 숫자들의 범위를 살펴보자. 이때 상한은 185cm이고 하한은 175cm이므로 범위는 175cm≤길이<185cm가 된다. 따라서 '길이'는 하한보다 크거나 같을 수는 있지만, 상한보다는 작아야 한다(그렇지 않으면 190으로 반올림된다).

값의 범위 또는 경계는 '반올림 단위'에 따라 달라진다. 반올림 단위는 말 그대로 반올림하는 단위이다. 예를 들어 어떤 수를 10으로 반올림하는 경우, 반올림의 단위는 십의 자리이다.

숫자가 반올림될 때 원래값은 반올림 단위의 절반까지 변할 수 있다. 예를 들어 반올림한 결과가 10이라면 원래값은 10-5= 5, 즉 10보다 5만큼 크거나 작을 수 있다.
5(5~10)≤10<15(11~14)

반올림할 때는 올림이 되지 않는 가장 큰 값을 기억하는 것이 중요하다. 그러므로 우리는 반올림의 한계를 적을 때 상한을 "x보다 작은"이라고 적는다.

예시

십의 자리에서 반올림하여 110을 얻었을 경우, 이 값에서 반올림 단위 10의 절반인 5를 빼 110-5=105라는 하한값을 구할 수 있다. 반대로 상한값은 110+5= 115이므로 경계 범위는 $105 \leq x < 115$이다.

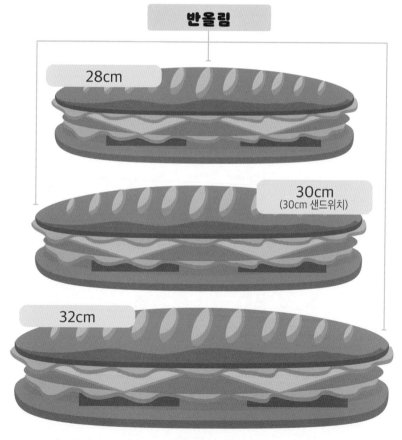

30cm보다 조금 작거나 크더라도 30cm로 반올림된다면 30cm 샌드위치라고 주장할 수 있다.

1.7 인수, 배수, 소수

'인수'는 어떤 수를 정수로 나누는 수를 뜻한다. '배수'는 구구단에서 볼 수 있는 숫자들처럼 그 숫자에 다른 수를 곱한 수를 뜻한다. '소수'는 1과 그 숫자 자신으로만 나누어지는 정수들을 뜻한다.

인수는 어떤 수를 정확하게 나누는 정수를 뜻한다. 예를 들어 20을 5로 나누면 정수인 4가 된다. 따라서 5는 20의 인수이다. 인수를 찾으려면 1부터 단계적으로 진행해야 한다: $1 \times ? = 20 \rightarrow ? = 20$. 즉, $1 \times 20 = 20$. 이를 통해 우선 1과 20은 20의 인수라는 것을 알 수 있다. 이제 2, 3, 4, 5, 6 등을 대입해 보자: $2 \times ? = 20 \rightarrow ? = 10$, $3 \times ? = 20 \rightarrow X$, $4 \times ? = 20 \rightarrow ? = 5$. 따라서 1, 2, 4, 5, 10, 20이 20의 인수가 된다.

계산

어떤 숫자의 인수를 식별하기 위해서는 두 인수를 곱했을 때 원래 숫자가 나오는지 보면 된다.

$1 \times 20 = 20$

$2 \times 10 = 20$

$3 \times ? = X$

곱했을 때 20이 아니므로 인수가 아니다.

$4 \times 5 = 20$

$5 \times 4 = 20$

$6 \times ? = X$

곱했을 때 20이 아니므로 인수가 아니다.

$7 \times ? = X$

곱했을 때 20이 아니므로 인수가 아니다.

$8 \times ? = X$

곱했을 때 20이 아니므로 인수가 아니다.

$9 \times ? = X$

곱했을 때 20이 아니므로 인수가 아니다.

$10 \times 2 = 20$

FACT   짝수는 모두 2로 나눌 수 있으므로 대부분의 소수는 홀수이다. 사실 2는 유일하게 짝수인 소수이다. 1은 두 개가 아닌 하나의 인수를 가지기 때문에 의외로 소수가 아니다.

공배수(공통 배수)

두 숫자의 공배수를 찾을 때는 그 숫자의 곱셈표를 적어서 살펴볼 수 있다. 예를 들어 3과 8의 공배수는 두 수의 곱셈표에서 공통으로 발견되는 24이다.

구구단 3단

3	6	9	12	15	18	21	24	27	30

구구단 8단

8	16	24	32	40	48	56	64	72	80

24 24는 3과 8의 구구단 표에 공통적으로 등장하므로 3과 8의 공배수가 된다.

약수는 대략 인수와 같다고 볼 수 있다. '공약수'는 두 수 모두의 약수인 값을 뜻한다. 예를 들어 10의 약수는 1, 2, 5, 10이고, 20의 약수는 1, 2, 4, 5, 10, 20이다. 이 중 5와 10은 10과 20을 모두 나눌 수 있기 때문에 두 수의 공약수이다.

'배수'는 간단히 구구단을 떠올리면 된다. 예를 들어 5의 배수로는 10, 15, 20 등이 있다. 두 수의 '공배수'는 두 수의 곱셈표에서 찾을 수 있는 공통된 배수를 뜻한다. 3과 8의 공배수를 찾으려면 두 수의 곱셈표를 만든 후 목록에서 공통되는 숫자를 찾으면 된다.

'소수'는 그 숫자 자신과 1만을 인수로 가지는 수를 뜻한다. 예를 들어 2, 3, 5, 7, 11, 13, 17, 19, 23, 27

쪽지 시험

1. 12의 인수를 모두 구해 보자.
2. 32의 인수 중 가장 큰 숫자는 무엇일까?

   A. 16   B. 64   C. 1   D. 32
3. 9의 배수를 순서대로 5개만 적어 보자.
4. 6과 8의 최소공배수는 무엇일까?

   A. 12   B. 24   C. 30   D. 48
5. 67은 소수일까?

   네 or 아니요

등이 있다. 2와 5를 제외한 대부분의 소수가 1, 3, 7, 9로 끝나지만, 모든 홀수가 소수인 것은 아니다. 예를 들어 9의 인수로는 1과 9뿐만 아니라 3도 있다. 소수를 식별하기 위해서는 가능한 한 모든 인수를 찾은 뒤, 그 인수가 1과 자신 두 숫자만 존재한다는 것을 확인해야 한다.

|1.8 제곱과 세제곱

수학에서 제곱은 해당 숫자에 자신을 곱한 것을 뜻한다. 예를 들어 4의 제곱은 16이다(4×4= 16). 세제곱은 해당 숫자를 3번 곱한 것으로 4의 세제곱은 64이다(4×4×4= 64). 제곱과 세제곱은 정사각형의 넓이나 정육면체의 부피를 구하는 데 사용된다.

'제곱수'는 숫자에 그 숫자를 곱한 결과로, 숫자를 제곱할 때는 숫자 오른쪽 위에 작은 "2"를 붙이며, 우리는 이 작은 2를 '지수'라고 부른다. 2의 제곱은 2^2이라고 적을 수 있다. 숫자를 제곱할 때의 지수는 항상 2이다. 지수는 같은 숫자를 몇 번 곱했는지를 알려준다. 예를 들어 정사각형의 넓이를 알면 정사각형 변의 길이를 계산할 수 있다.

제곱 숫자들

1^2	2^2	3^2	4^2	5^2	6^2	7^2	8^2	9^2	10^2
1	4	9	16	25	36	49	64	81	100

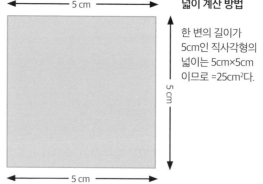

토막 상식

제곱수를 빠르게 인식하는 것은 물론 수학 전반에서 중요하지만, 기하학에서는 더욱 중요하다. 이 학습주제에서 나오는 제곱과 세제곱들을 외우도록 노력해 보자.

넓이 계산 방법

한 변의 길이가 5cm인 직사각형의 넓이는 5cm×5cm이므로 =25cm²다.

세제곱 숫자들

1^3	2^3	3^3	4^3	5^3	6^3	7^3	8^3	9^3	10^3
1	8	27	64	125	216	343	512	729	1000

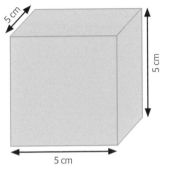

부피 계산 방법

한 변의 길이가 5cm인 정육면체의 부피는 5cm×5cm×5cm= 125cm³이다.

정사각형은 모든 변의 길이가 같으므로 정사각형의 넓이를 구하기 위해서는 한 변의 길이를 제곱하면 된다. 이러한 방식은 다른 사각형에서는 적용되지 않고 오직 정사각형에서만 적용된다. 예를 들어 한 변의 길이가 8cm인 정사각형 모양 식탁보의 넓이를 구하기 위해서는 8을 제곱하면 된다. 즉, 8×8=8^2= 64cm²이다.

세제곱은 같은 숫자를 세 번 곱한 결과이다. 예를 들어 3^3= 3×3×3= 27이다. 세제곱은 정육면체의 부피를 구하는 데 유용하게 사용된다. 정육면체의 부피는 밑변의 넓이에 높이를 곱해서 구하는데, 정육면체는 모든 변의 길이가 모두 같으므로 밑변의 길이를 세 번 곱해서 정육면체의 부피를 구할 수 있다. 안타깝게도 정육면체가 아닌 직육면체나 다른 육면체에는 이 방식이 적용되지 않는다. 예를 들어 한 변의 길이가 2cm인 정육면체 얼음의 부피를 구하기 위해서는 2를 세 번 곱하면 된다: 2×2×2= 2^3= 8cm³.

수학의 구성 요소, 숫자

퀴즈

1. 32,891에서 천의 자릿수는 무엇일까?
A. 3 B. 2 C. 9 D. 1

2. 다음의 숫자들을 오름차순으로 정렬해 보자.
101, 132, 146, 52, 111, 113, 98, 72, 129, 99

3. 이 중 가장 작은 수는 무엇일까?
A. -4 B. -8 C. 4 D. -21

4. 정오에는 온도가 15℃였지만 해가 지자 -23℃로 떨어졌다. 정오부터 몇 도가 떨어진 것일까?
A. 12℃
B. 38℃
C. 23℃
D. 15℃

5. 10.6491에서 4는 어떤 자릿수일까?
A. 일의 자리

B. 십 분의 일의 자리
C. 백 분의 일의 자리
D. 천 분의 일의 자리

6. 6,872,000을 지수식으로 변환해 보자.

7. 869를 백의 자리에서 반올림해 보자.

8. 십의 자리에서 반올림하여 7,890을 얻었을 때 한계 범위의 하한은 무엇일까?
A. 7,900
B. 7,899
C. 7,880
D. 7,885

9. 24의 인수를 모두 구해보자.

10. 99는 소수일까?
A. 네 B. 아니요

11. 5의 세제곱은 무엇인가?
A. 5 B. 25 C. 125 D. 625

12. 다음의 빈칸을 채우시오.

숫자	제곱
1	1
2	4
3	
4	16
5	
6	
7	49
8	
9	
10	100
11	
12	

간단 요약

숫자는 우리에게 매우 중요한 정보를 전해주며, 어떤 것의 양에 관해 이야기하는 방법이다.

- 숫자는 오름차순과 내림차순, 두 가지 방법으로 정렬할 수 있다.
- 0보다 작은 수는 '음수'이고, 0보다 큰 수는 '양수'이다. 0은 음수도 양수도 모두 아니다.
- '소수'는 정수와 정수 일부를 포함하며 소수점을 사용해 두 가지를 구분한다.
- 지수식은 아주 작거나 큰 숫자를 표현하는 편리한 방법이며, 다음과 같은 형식으로 쓰인다: $N \times 10^y$
- 수를 반올림할 때 결정 숫자가 5보다 작으면 키 숫자는 증가하지 않고 그대로 유지되지만, 결정 숫자가 5보다 크거나 같으면 키 숫자가 1만큼 증가하게 된다.
- '한계 범위'란 어떤 수가 반올림되기 전에 가졌을 수 있는 값의 범위를 나타낸다.
- '인수'는 어떤 수를 정확하게 정수로 나누는 모든 숫자를 뜻한다. '배수'는 어떤 수에 그 수를 곱한 것으로, 쉽게 생각하자면 구구단을 떠올리면 된다. '소수'는 1과 자신으로만 나누어지는 정수를 뜻한다.
- 제곱은 그 수를 두 번 곱한 것이고, 세제곱은 그 수를 세 번 곱한 값이다.

가장 단순하게 수학을 말하다

산술

간단한 산술 방법을 배우는 것은 문제 해결 능력을 길러주는 중요한 과정이다. 이번 장에서는 계산기를 사용해 계산하는 방법과 더불어 계산기를 사용하지 않고 간단한 사칙연산(덧셈, 뺄셈, 나눗셈, 곱셈) 하는 방법을 배울 것이다.

이번 장에서 배우는 것

∨ 덧셈과 뺄셈   ∨ 암산

∨ 곱셈과 나눗셈   ∨ 10, 100, 1000 곱하거나 나누기

∨ 사칙연산의 순서   ∨ 돈을 계산하는 방법

2.1 덧셈과 뺄셈

산술은 어떤 문제를 해결하는 방법으로 사용된다. 산술에는 네 가지 종류가 있다. 바로 '덧셈', '뺄셈', '곱셈', '나눗셈'이다. 만약 점심으로 샌드위치를 사 먹으려 한다면 먼저 고른 샌드위치와 음료수의 가격을 더해 가진 돈에서 빼보며 돈이 충분한지 확인한다. 이처럼 우리는 일상에서 간단한 산술을 사용하곤 한다. 이번 장에서는 계산기를 사용하지 않고 간단히 암산하는 방법을 배우게 될 것이다.

토막 상식

아폴로 13호의 산소탱크에서 폭발이 일어난 뒤, 우주비행사들은 남아있는 산소의 양과 달 착륙선까지의 거리를 직접 계산했다. 다행스럽게도 이후 휴스턴의 팀원들이 그들의 계산식을 검토할 수 있었다.

덧셈

두 숫자의 합은 그 숫자들을 더해서 구할 수 있다. 계산기 없이 큰 수를 계산해야 할 때가 종종 있으므로 간단한 계산법을 배워 두는 것이 중요하다.

덧셈의 첫 번째 단계는 하나의 숫자 위에 다른 숫자를 쓰는 것이다. 어떤 숫자가 위로 가는지는 상관없다. 아래의 예시처럼 8542와 1271을 더해 보자. 우선 오른쪽 자리부터 위아래 숫자를 더한다. 두 수의 합이 10이 넘을 수도 있는데, 이때는 바로 왼쪽 수 위에 작은 글씨로 1을 적고, 다음 자릿수를 더할 때 1을 더해주면 된다. 아래의 예시에서 백의 자리에 1이 더해진 것을 볼 수 있다.

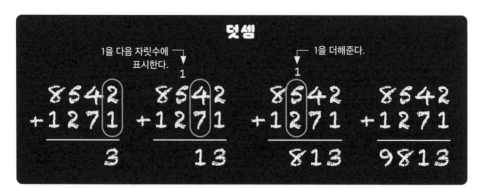

빽셈

2084 2084
- 172 - 172
———— ————
    2   12

앞자릿수에서 1을 빌려온다.

2084 2084
- 172 - 172
———— ————
 912 1912

쪽지 시험

다음의 문제를 풀어보자.

1. 2347+3640=?

2. 10948+91039=?

3. 4652-1839=?

4. 845-265=?

5. 245+32-180=?

빽셈

‘빽셈’은 숫자 간의 차이를 뜻한다. 두 수의 차이는 한 수에서 다른 수를 뺀 것과 같다. 빽셈은 덧셈보다 복잡하다.

빽셈을 할 때는 덧셈할 때와 마찬가지로 두 숫자를 위아래로 적는데, 이때 자릿수가 오른쪽에 정렬되어야 한다. 위에 있는 숫자에서 아래에 위치한 숫자를 빼는 것이므로 숫자의 순서가 중요하다. 예시처럼 2084에서 172를 빼는 것이라면 2084가 위에 위치해야 한다(물론 172에서 2084를 뺄 수도 있다). 빽셈은 일의 자리부터 시작해서 십의 자리와 백의 자리로 차례대로 진행된다. 덧셈과는 다르게 위의 숫자가 아래의 숫자보다 작으면 문제가 살짝 복잡해진다. 이때는 바로 앞자릿수에서 1을 빼 빌려오면 된다. 앞에서 배웠듯 옮길때마다 10배씩 차이나므로 1을 빌렸지만 10으로 계산한다. 복잡한 빽셈 문제에서는 여러 자릿수에서 숫자를 빌려 계산하게 될 수도 있지만, 어려울 것 없다.

◆ 숫자를 더하거나 뺄 때는 왼쪽에서 오른쪽으로 진행하면서 하나씩 계산하면 된다.

2.2 곱셈

배수는 곱셈과 같다. 예를 들어 3×9는 3를 9배 한 것과 같다. 덧셈과 비슷하게 곱셈도 계산 순서는 상관이 없다. 따라서 3×5는 5×3과 같다. 이번 장에서는 한 자리 숫자로 이루어진 짧은 곱셈과 그보다 조금 심화된 곱셈을 다룰 것이다.

짧은 곱셈은 말 그대로 한 자리 숫자를 곱하는 짧은 곱셈이다. 큰 숫자를 한 자리 숫자에 곱하면 복잡해지는데, 이것이 싫다면 곱셈을 여러 개로 나눠서 하는 방법도 있다: 백의 자리, 십의 자리, 일의 자리로 나눈 뒤 따로 곱한다(아래의 예시 참조).

우선 큰 숫자를 위에 적고, 그 아래에 작은 숫자를 적은 뒤 곱셈을 시작해 보자. 다음으로는 작은 숫자를 큰 수에 한 자리씩 곱한다. 이때 값이 10보다 크다면 얻은 수의 십의 자리 숫자를 왼쪽 위에 작게 적어 둔 뒤, 다음 자릿수를 곱한 값에 더해준다.

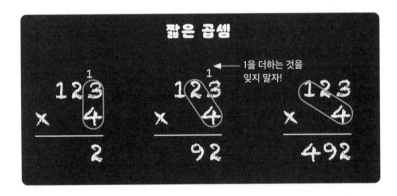

긴 곱셈에서는 두 자리 이상의 숫자들을 다루게 된다. 이때는 짧은 곱셈과는 달리 숫자를 간단하게 나눠 계산해 볼 수 있다. 예를 들어 123×14의 값을 구할 때는 먼저 123×4를 계산한다. 이후 123×10을 계산하고, 마지막에 두 값을 더해준다. 이 계산을 식으로 적을 때에는 첫 줄에 123×4의 값을 적고, 두 번째 줄에 123×10의 값을 적는다. 그리고 마지막 세 번째 줄에는 두 값의 합을 적는다. 두 번째 줄은 십의 자리를 곱한 것이기 때문에 일의 자리에 미리 0을 적어야 한다.

긴 곱셈

1을 앞자릿수에 적어두고
나중에 더해준다.

```
  1
 123
x 14
─────
   2
```

```
 123
x 14
─────
 492
```

```
 123
x 14
─────
 492
     0
```

십의 자리를 계산하는 것이기
때문에 일의 자리에는 미리
0을 적어둔다.

```
  123
x  14
──────
  492
 1230
```

```
   123
x   14
──────
   492
 +1230
──────
  1722
```

쪽지 시험

다음의 문제를 풀어보자.

1. 17×6= ?

2. 252×3= ?

3. 18×12= ?

4. 711×23= ?

2.3 나눗셈

'나눗셈'은 큰 숫자에 작은 숫자가 몇 번 들어갈 수 있는지 계산한 것이다. 곱셈은 원래 수보다 더 큰 수를 결과로 얻지만, 나눗셈은 더 작은 수를 얻게 된다. 나눗셈에도 곱셈처럼 두 가지 종류가 있다. 바로 짧은 나눗셈과 긴 나눗셈이다. 하지만 나눗셈에서는 숫자의 순서가 매우 중요하다. 20÷5= 4지만, 반대로 나누면 5÷20= 0.25로 서로 같지 않다.

 토막 상식 우리는 나눗셈을 초등학교에서 배웠지만, 16세기에는 대학에서 배우는 내용이었다. 1597년 기하학 교수였던 헨리 브리그스 *Henry Briggs* 가 나눗셈 방법을 발명했고, 오늘까지도 이어져 오고 있다.

나눗셈은 숫자를 여러 부분으로 나누는 것이다. 예를 들어 15를 3으로 나누어 보자. 15÷3= 5인데, 이를 다르게 말하자면 '15에는 3이 5개 들어간다'고도 할 수 있다. 완전히 나누어지지 않고 약간 남는 경우도 있는데 이것을 '나머지'라고 부른다. 나머지는 분수 형태로 쓰거나 따로 적어서 나타낸다.

나눗셈 역시 곱셈과 같이 각 자리를 따로 계산한다. 예를 들어 백의 자리를 나눈 뒤, 십의 자리를 나누고, 이후 일의 자리를 나눈다. 나눠지는 숫자는 상자 안에, 나누는 숫자는 상자 밖에 위치한다는 것을 명심하자. 아래의 예시를 살펴보자.

긴 곱셈은 두 자릿수 이상의 수를 나눌 때 사용된다. 복잡해 보일 수 있지만 연습하다 보면 짧은 곱셈과 크게 다르지 않다는 사실을 알게 된다. 함께 3456÷11을 계산해 보자.

우선 가장 큰 자릿수에서 시작하자. 이 경우에는 천의 자리인 3을 11로 나눌 수 없으므로 천의 자릿수 3을 백의 자리로 넘겨 34로 계산한다. 11은 34에 세 번 들어가며 1이 남는다. 남은 1은 십의 자리로 가지고 와서 15로 계산한다. 11은 15에 한 번 들어가며 4가 남는다. 남은 4를 일의 자리로 가지고 가면 46이 된다. 11은 46에 네 번 들어가며 2가 남는다.

쪽지 시험

다음의 문제를 풀어보자.

1. 36÷3=?

2. 79÷4=?

3. 419÷8=?

4. 283÷12=?

5. 9285÷22=?

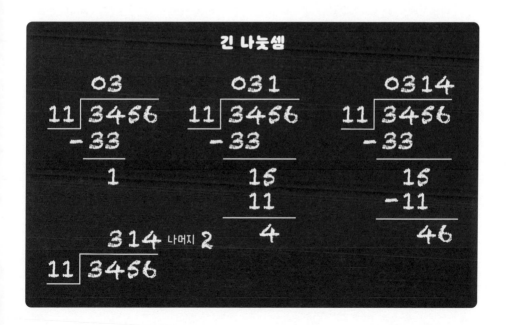

긴 나눗셈

2.4 사칙연산의 순서

때로는 여러 종류의 계산을 한 식에서 해결해야 할 때도 있다. 예를 들어 한 문제에서 덧셈과 곱셈을 모두 해야 할 수도 있다. 이런 문제에서 어떤 것을 먼저 해결해야 하는지 알기 위해서 사칙연산의 순서가 존재한다.

사칙연산은 더하거나 빼거나 곱하거나 나누는 단순한 계산이다. 여러 가지 사칙연산을 수행해야 할 때는 어떤 것을 먼저 풀어야 하는지 아는 것이 중요하다. 잘못된 순서로 계산하면 틀린 답을 얻게 되기 때문이다. 다행히도 순서가 어렵지 않으니 외워보자: 괄호 안의 식→곱셈과 나눗셈→덧셈과 뺄셈.

만약 한 식에 곱셈과 나눗셈이 함께 있다면 순서를 고민할 것 없이 왼쪽에 있는 식 먼저 풀면 된다. 하지만 나눗셈을 곱셈으로 바꾸면 순서에 상관 없이 풀 수 있다. 예를 들어 $72 \div 8 \times 7$의 값을 구하려고 한다면 순서는 $72 \div 8 = 9 \rightarrow 9 \times 7 = 63$이다. 하지만 이를 $72 \times \frac{1}{8} \times 7$로 변환한다면 $72 \times \frac{1}{8} = 9 \rightarrow 9 \times 7 = 63$ 순서로 계산하는 것과 $\frac{1}{8} \times 7 = \frac{7}{8} \rightarrow 72 \times \frac{7}{8} = \frac{504}{8} = 63$으로 계산하는 것의 값이 같다.

또한 덧셈과 뺄셈 역시 왼쪽에 있는 것부터 풀어야 하지만, 순서를 바꾸어도 상관 없다. 다만 지수에 유의하자. 간단하게 복습해 보자. 3^4에서 4는 지수, 즉 3이 네 번 곱해졌다는 것을 뜻하므로 $3 \times 3 \times 3 \times 3 = 81$이다.

$$(6 + 8) \times (10 - 2) = 14 \times 8$$
$$= 112$$

괄호를 무시하면 답이 달라진다.

$$6 + 8 \times 10 - 2 = 6 + 80 - 2$$
$$= 84$$

$$76 - 4^2$$
$$76 - 16 = 60$$

숫자를 제곱하기 전에 뺄셈을 먼저 하면 답이 달라진다.

오답: $76 - 4^2$
$$72^2 = 5,184$$

쪽지 시험

1. 이 중 무엇이 먼저일까?

  A. 뺄셈 B. 사칙연산 외 다른 것

  C. 곱셈 D. 괄호

2. 16×2-(1+1)= ?

  A. 0   B. 30   C. 32   D. 16

3. 22×2+2= ?

  A. 8   B. 16   C. 18   D. 10

4. (10×3)÷6+5= ?

  A. 10   B. 26   C. 36   D. 11

2.5 암산

암산은 시험을 볼 때나 일상생활에서 매우 유용하다. 이제까지는 덧셈, 뺄셈, 곱셈, 나눗셈을 매번 종이에 적어서 풀었다. 그렇다면 머릿속에서는 어떻게 문제를 풀면 될까?

암산을 위해서는 숫자를 여러 단계로 나누어서 볼 필요가 있다. 예를 들어 셔츠와 바지를 사려면 두 벌의 가격을 더해 총액을 구해야 한다. 셔츠는 102달러이고, 바지는 150달러이다. 가격을 구하려면 우선 백의 자리를 더해야 한다: 100+100= 200.
다음은 십의 자리를 더한다: 0+50= 50.
마지막으로 일의 자리를 더한다: 2+0= 2.
마지막으로 모든 값을 더한다: 200+50+2= $252.

백의 자리	십의 자리	일의 자리
100 + 100 = 200	0 + 50 = 50	2 + 0 = 2

숫자를 나눠서 암산해 보자.

200 + 50 + 2 = 252

암산으로 뺄셈을 할 때도 비슷하게 숫자를 나눠서 계산할 수 있다. 예시로 50에서 23을 빼보자.

먼저 23을 20과 3으로 나눈다: 20, 3.

이후 계산은 두 단계로 진행된다. ①50-20= 30 ②30-3= 27.

때로는 가장 가까운 십·백·천의 자리 단위로 만든 뒤 나머지를 더하는 것이 쉬울 수도 있다. 예를 들어 355에 60을 더해보자.

먼저 60을 45와 15로 나눈다. 355에 45를 더하면 400이다. 여기에 나머지 15를 더하면 415가 된다.

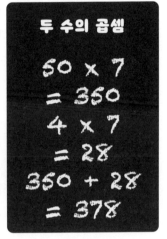

10을 사용해서 더 쉽게 계산한 뒤, 차이를 수정하는 방법도 있다. 38-9를 암산하려고 한다면 10을 사용해서 우선 38-10을 구한 뒤 1을 더하면 된다. 9를 빼는 것은 10을 빼고 1을 더하는 것과 같기 때문이다. 따라서 답은 38-10+1= 29다.

곱셈을 암산한다면 십과 일의 자리로 나눈 뒤 따로 곱할 수 있다. 예를 들어 하나에 54그램인 소포가 7개 있다면 총 무게는 몇 그램일까? 이때는 우선 50×7을 계산한 뒤 4×7을 계산하고 더하면 된다.

쪽지 시험

다음의 문제를 풀어보자.

1. 220+15= ?

2. 341+29= ?

3. 380-16= ?

4. 732-211= ?

5. 64×9= ?

2.6   10, 100, 1000 곱하기

암산 파트에서 배웠듯 큰 수를 곱할 때는 십이나 백 단위로 나눈 뒤 나머지를 곱하는 것이 편리하다. 10, 100, 1000 또는 20, 200, 2000 등을 곱할 때 계산을 빠르게 할 수 있는 몇 가지 팁들을 살펴보자.

단순하지만 큰 숫자를 곱할 때 유용하게 쓰이는 세 가지 기본 규칙을 살펴보자. 어떤 수에 10을 곱할 때는 숫자 뒤에 0을 추가하면 된다. 소수점이 있는 경우에는 소수점을 오른쪽으로 한 자리 옮긴다.

곱하기 10
78×10=780

어떤 수에 100을 곱할 때는 숫자 뒤에 0을 두 개 추가하면 된다. 소수점이 있는 경우 소수점을 오른쪽으로 두 자리 옮긴다.

곱하기 100
23×100=2300

88.91×100=8891

10, 100 등의 숫자를 사용하는 미터법은 곱셈이 매우 쉽고 빠르다는 유용한 장점이 있다. 센티미터에 100을 곱하면 미터가 된다. 비슷하게 킬로그램에 1000을 곱하면 톤이 된다.

1000을 곱할 때는 숫자를 왼쪽으로 세 자리 이동하고 필요한 만큼 0을 채워 넣는다. 소수점이 있는 경우에는 소수점을 오른쪽으로 세 자리 이동시킨다.

곱하기 1000

$$3.4567×1000=3456.7$$

쉽게 말해 곱하는 수가 가진 0의 개수만큼 곱해지는 수 뒤에 0을 붙이거나 소수점을 왼쪽으로 옮기면 된다. 예를 들어 100을 곱하면 0이 두 개 있으므로 왼쪽으로 두 자리 이동하면 된다. 숫자의 순서는 변하지 않고 소수점의 위치나 0의 개수만 변한다.

큰 수의 앞자리 숫자가 1이 아닌 경우에는 두 가지 단계로 계산된다. 첫째, 앞자리 숫자를 곱해준다. 예를 들어 200을 곱하는 경우 2를 곱한다. 다음에는 0의 개수만큼 자릿수를 옮긴다.

곱하기 300

$$12×300=?$$

먼저 12에 3을 곱한다.

$$12×3=36$$

그 다음 0을 두 개 붙인다.

$$=3600$$

쪽지 시험

1. 13×10= ?

   A. 130 B. 1.30 C. 1300 D. 13

2. 56.937×100= ?

   A. 5.6937   B. 0.56937

   C. 569.37   D. 5,693.7

3. 67×1000= ?

   A. 670   B. 6,700

   C. 67,000   D. 670,000

4. 16×40= ?

   A. 6,400   B. 64

   C. 6.40   D. 640

2.7 10, 100, 1000으로 나누기

나눗셈 역시 곱셈처럼 몇 가지 간단한 규칙들만 알고 있으면 쉬워진다. 10, 100 등으로 나누는 방법을 배우면 계산이 빨라지므로 이 방법을 배우는 것은 매우 중요하다. 10, 100, 1000으로 나누는 것은 곱하는 것의 정확히 반대라는 것을 기억하자.

10, 100, 1000으로 나누는 간단한 규칙들을 살펴보자.

어떤 수를 10으로 나눌 때는 숫자들을 오른쪽으로 한 자리 이동하거나 0을 하나 지운다. 소수점 아래 숫자가 있는 경우에는 소수점을 왼쪽으로 한 자리 이동시킨다.

10으로 나누기
$$78 \div 10 = 7.8$$

어떤 숫자를 100으로 나눌 때는 숫자들을 오른쪽으로 두 자리 이동한 뒤, 0을 두 개 지운다. 소수점 아래 숫자가 있는 경우에는 소수점을 왼쪽으로 두 자리 이동시킨다.

100으로 나누기
$$23 \div 100 = 0.23$$

$$88.91 \div 100 = 0.8891$$

어떤 수를 1000으로 나눌 때는 숫자들을 오른쪽으로 세 자리 이동한 뒤, 필요한 만큼 0을 채운다. 소수점 아래 숫자가 있는 경우에는 소수점을 왼쪽으로 세 자리 이동시킨다.

1000으로 나누기
3456.7÷1000=3.4567

주목해야 할 중요한 점은 이동하는 자리의 수는 나누는 수의 0의 개수와 같다는 점이다. 예를 들어 1000으로 나누는 경우, 0이 세 개 있으므로 오른쪽으로 세 자리 옮기면 된다.

나누는 수의 앞자리가 1이 아닌 경우에는 두 단계로 나눠서 나눗셈을 진행한다. 첫째, 나누어지는 수를 나누는 수의 첫 자릿수로 나눈다. 예를 들어 400으로 나눌 때는 4로 먼저 나눈 다음, 0을 두 개 지우거나 숫자를 소수점 아래로 두 자리 옮긴다.

만약 12를 300으로 나눠보자. 우선 12를 3으로 나눠서 4를 구한다. 0이 두 개 있으니 소수점 아래로 두 자리 옮기고 앞자리에 0을 채운다. 따라서 답은 0.04이다.

쪽지 시험

1. 234÷10= ?

A. 234 B. 23.4 C. 2.34 D. 0.234

2. 870÷100= ?

A. 87,000　B. 87.0

C. 8.70　　D. 0.87

3. 69.42÷1000= ?

A. 0.6942　B. 6.942

C. 0.06942　D. 0.006942

4. 16÷40= ?

A. 0.4 B. 2,400 C. 40 D. 0.004

2.8 돈을 계산하는 방법

일상에서 수학을 활용하는 상황 중 가장 흔한 것은 바로 돈에 관련된 것이다. 돈을 계산하는 것은 화폐 단위가 붙었다는 것을 제외하고는 다른 계산 문제와 전혀 다르지 않다.

    대부분의 사람들이 물건을 살 때 이왕이면 가장 저렴한 가격 "최저가"로 구매하고 싶어 한다. 덱스터는 농구 경기를 관람하던 중 다이어트 탄산음료를 마시고 싶어졌다. 탄산음료는 소, 중, 대, 특대 크기가 있는데, 200ml인 소(小) 사이즈는 1,000원이고, 400ml인 중(中) 사이즈는 2,000원, 500ml인 대(大) 사이즈는 2,500원, 1L인 특대 사이즈는 4,000원이다.

    용량 대비 가장 저렴한 음료를 구매하기 위해서는 가격을 무게나 부피로 나누어야 하는데, 이 경우에는 부피를 나타내는 ml로 나누도록 하자.

단숨에 알아보기

ml당 가격

어떤 음료가 가장 저렴한지 알아보기 위해서는 ml당 가격을 구해야 한다.

소 사이즈
1,000원÷200ml
= ml당 5원

중 사이즈
2,000원÷400ml
=ml당 5원

대 사이즈
3,000원÷500ml
= ml당 6원

특대 사이즈
4,000원÷1000ml
=ml당 4원

따라서 특대 사이즈가 ml당 4원으로 가장 저렴하다.

1. 10,000원으로 4,500원짜리 강아지 비스켓과 2,800원짜리 강아지 간식을 구매했다면 남은 돈은 얼마일까?
2. 생일 선물 대신 돈을 받았다. 엄마에게서 50,000원, 아빠에게서 50,000원, 할머니에게서 30,000원, 형에게서 17,550원을 받았다. 총 얼마일까?
3. 스몰 사이즈 샐러드는 100g에 4,000원이다. 미디엄 사이즈 샐러드는 200g에 5,500원이다. 라지 사이즈 샐러드는 500g에 12,000원이다. 이 중 어떤 샐러드를 구매하는 것이 가장 합리적일까?

이번엔 통조림 콩을 구매한다고 생각해 보자. 4캔 묶음은 5,000원이고 12캔 묶음은 12,000원이다. 돈을 절약하기 위해서는 더 저렴한 제품을 사는 것이 좋다. 가격을 비교하려면 가격을 캔의 개수로 나누어서 캔당 가격을 구해야 한다.

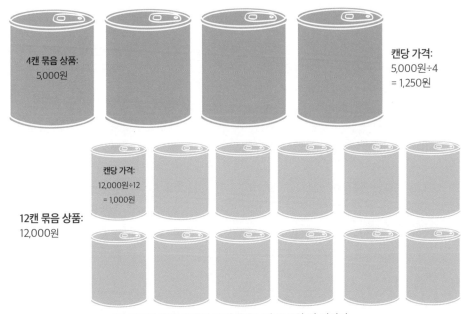

4캔 묶음 상품:
5,000원

캔당 가격:
5,000원÷4
= 1,250원

캔당 가격:
12,000원÷12
= 1,000원

12캔 묶음 상품:
12,000원

4캔 묶음의 캔당 가격이 12캔 묶음보다 250원 더 비싸다.

산술

1. 11,743 + 9,074= ?

   A. 19,817

   B. 20,817

   C. 21,817

   D. 20,178

2. 2,328-1,176= ?

   A. 1,152

   B. 1,252

   C. 1,125

   D. 1,525

3. 19×7을 암산해 보자.

4. 862×12를 암산해 보자.

5. 112÷4를 암산해 보자.

6. 7,294÷5를 암산해 보자.

7. 7×9+(2+8)= ?

   A. 133

   B. 85

   C. 57

   D. 73

8. (25+6)-82÷4= ?

   A. -8

   B. 15

   C. 28

   D. -15

9. 486-33을 암산해 보자.

10. 28×8을 암산해 보자.

11. 65.035×100= ?

    A. 650.35

    B. 6.5035

    C. 6503.5

    D. 6 5035

12. 85×200= ?

    A. 17,000

    B. 1,700

    C. 170

    D. 170,000

13. 863÷1000= ?

    A. 8.63

    B. 86.3

C. 8630

D. 0.863

14. 64÷80= ?

    A. 8

    B. 0.8

    C. 0.08

    D. 0.008

15. 스테퍼니는 50,000원을 가지고 쇼핑하러 가서 식료품을 사는 데 27,000원을 쓰고, 책을 사는 데 16,000원을 썼다. 남은 돈은 얼마일까?

16. 존은 과일가게에서 배를 사려고 한다. 배를 하나 살 때는 3,500원이지만, 5개를 살 때는 17,000원이다. 어떤 것이 더 좋은 가격일까?

    A. 배 한 개

    B. 배 다섯 개

2장

간단 요약

산술은 문제의 답을 알아내는 방법으로 사용된다. 산술의 네 가지 종류(덧셈, 뺄셈, 곱셈, 나눗셈)를 '사칙연산'이라고 부른다.

- 두 수의 합은 서로 더하여(+) 구한다.
- 뺄셈(-)은 두 가지 이상의 숫자의 차이를 뜻한다.
- 짧은 곱셈(×)은 한 자리 숫자를 곱하는 것이고 긴 곱셈은 두 자리 이상의 숫자를 곱하는 것이다.
- 나눗셈(÷)은 숫자를 여러 개의 같은 크기로 나누는 것을 뜻한다.
- 계산에 여러 사칙연산이 사용되는 경우 **괄호→곱셈과 나눗셈→덧셈과 뺄셈** 순서에 따라 계산하는 것이 중요하다.
- 큰 수를 곱할 때는 단위별로 나눈 뒤 따로 곱하면 더 쉽다.
- 10, 100, 1000 등으로 나누는 것은 10, 100, 1000 등을 곱하는 것의 정반대이다.
- 돈을 계산하는 것은 화폐 기호가 있다는 것을 제외하면 숫자 계산과 다를 바 없다. 하지만 소수점을 올바른 위치에 두어야 한다는 것을 명심하자.

③

소수, 분수, 백분율

소수와 분수, 백분율은 숫자를 표현하는 각기 다른 방법이다. 이번 장에서는 소수와 분수를 활용해 계산하는 방법과 이 세 종류의 숫자를 변환하는 방법에 대해 배울 것이다.

─ 이번 장에서 배우는 것 ─

∨분수

∨대분수와 가분수

∨분수의 덧셈과 뺄셈

∨분수의 곱셈과 나눗셈

∨백분율

∨백분율 변환하기

∨분수를 소수로 변환하기

3.1 분수

분수는 정수 사이의 숫자를 나타내는 방법이다. 종종 정수가 아닌 정수 일부분을 다루어야 하는 상황이 있는데 그때 분수가 매우 유용하게 사용된다. 분수는 어떤 것을 나눌 때도 사용된다. 분수를 사용하면 내가 가진 것이 전체 중 얼마를 차지하는지, 남은 음식의 양은 얼마만큼인지 표현할 수 있다. 분수에서는 항상 모든 부분이 같은 크기를 가진다는 점을 기억하자.

분수는 '분자'와 '분모' 두 부분으로 구성된다. 아래에 있는 숫자 분모는 같은 부분이 총 몇 개 있는지를 나타내며, 위에 있는 숫자인 분자는 이 수가 전체 중 몇 개를 갖는지 말해준다. 예를 들어 케이크를 14조각으로 자른 뒤, 그중 하나를 먹었다면 $\frac{1}{14}$ 만큼 먹었다고 쓸 수 있다.

동치분수

'동치분수'란 분모가 다르지만 크기가 같은 분수를 말한다. 예를 들어 $\frac{1}{4}$ 는 $\frac{4}{16}$ 과 같다. 동치분수는 일상에서도 유용하게 사용되곤 한다. 예를 들어 애플파이 12조각 중 $\frac{1}{3}$ 은 남겨두고, 나머지는 오늘 먹으려고 한다. 과연 몇 개를 남겨야 할까?

우선 분모인 3에 어떤 숫자를 곱해야 12가 되는지 생각해 보자. 이 경우 4를 곱하면 된다. 그 다음 분자에도 마찬가지로 4를 곱하면 동치분수를 얻을 수 있다: $\frac{1}{3} \rightarrow \frac{4}{12}$. 즉 12조각 중 4조각을 남기면 된다.

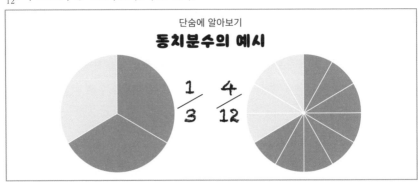

단숨에 알아보기

동치분수의 예시

$$\frac{1}{3} \quad \frac{4}{12}$$

공통 약수가 없는 분수

분수는 보통 공통 약수가 없을 때까지 '약분'한 뒤 사용된다. 약분은 분모와 분자를 공약수로 나누는 것을 뜻한다. 공약수가 아닌 숫자로 나누면 분수의 값이 변하므로 같은 수로 나누는 것이 매우 중요하다.

때로는 분수를 여러 번 약분해야 할 때도 있다. 예를 들어 $\frac{8}{12}$ 은 두 번 약분되어 $\frac{2}{3}$ 가 된다. 최종값을 적을 때에는 가능한 한 많이 약분하는 것이 좋다.

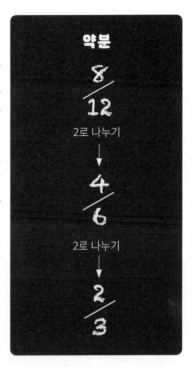

약분

$\frac{8}{12}$

2로 나누기

↓

$\frac{4}{6}$

2로 나누기

↓

$\frac{2}{3}$

쪽지 시험

1. 피자를 5조각으로 잘라 먹고 1조각이 남았다. 남은 피자의 양을 분수로 표현해 보자.

   A. $\frac{1}{5}$ B. $\frac{1}{4}$ C. $\frac{5}{1}$ D. $\frac{4}{1}$

2. 이 중 $\frac{2}{7}$ 과 같은 값을 가지는 분수는 무엇인가?

   A. $\frac{8}{21}$ B. $\frac{5}{14}$ C. $\frac{2}{21}$ D. $\frac{6}{21}$

3. $\frac{8}{64}$ 를 약분해 보자.

   A. $\frac{2}{13}$ B. $\frac{1}{8}$ C. $\frac{4}{31}$ D. $\frac{6}{43}$

4. $\frac{30}{75}$ 를 약분해 보자.

   A. $\frac{10}{25}$ B. $\frac{6}{15}$ C. $\frac{2}{6}$ D. $\frac{2}{5}$

3.2 대분수와 가분수

'대분수'는 정수와 분수를 합친 것이다. 예를 들어 $4\frac{2}{5}$ 는 정수 4와 분수 $\frac{2}{5}$ 를 가진 대분수이다. '가분수'는 분자가 분모보다 큰 것을 뜻한다. 보통 분수를 가분수 형태로 남겨두지는 않지만, 가분수를 사용해 계산하는 것이 더 쉽다.

정수와 분수를 함께 포함하는 대분수는 가분수로 변환할 수도 있다. 예를 들어 $1\frac{3}{4}$ 은 $\frac{7}{4}$ 과 같다. 계산할 때는 가분수를 활용하는 것이 더 편리하므로 대분수를 가분수로 변환할 수는 있지만, 분수를 적는 올바른 방법이 아니므로 계산 후에 다시 대분수로 바꾸는 것이 좋다.

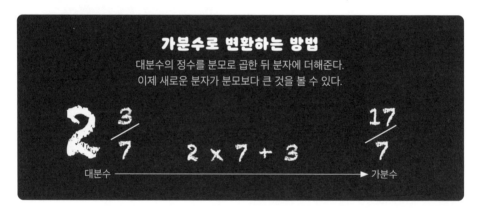

구구단이 여기에 유용하게 사용될 수 있다. $5\frac{5}{6}$ 을 가분수로 변환해 보자. 우선 정수에 분모를 곱해준다: 5×6= 30. 그리고 분자에 더해준다: 30+5= 35. 마지막으로 새로운 분자를 분모로 나눈다: $\frac{35}{6}$.

 토막 상식 분자는 항상 분모보다 작다. 분자가 분모와 같거나 분모보다 크면 가분수가 되는데, 계산을 마치면 항상 대분수로 변환해 주어야 한다.

1. $2\frac{8}{9}$ 을 가분수로 변환해 보자.

2. $8\frac{1}{12}$ 을 가분수로 변환해 보자.

3. $\frac{11}{5}$ 을 대분수로 변환해 보자.

4. $\frac{84}{11}$ 를 대분수로 변환해 보자.

가분수를 대분수로 변환하는 과정은 몇 가지 간단한 방법으로 이루어진다. 예시로 $\frac{41}{7}$ 을 대분수로 변환해 보자.

첫 단계는 분자에 분모가 몇 개나 들어가는지 알아보는 것이다. 41에는 7이 다섯 번 들어갈 수 있으므로(7×5= 35) 정수 부분은 5가 된다.

두 번째 단계는 분자에 남은 숫자를 파악하는 것이다. 정수를 사용해 분자에서 35만큼 가져갔기 때문에 6이 남는다(41-35= 6). 따라서 6이 새로운 분자가 되고 분수 부분은 $\frac{6}{7}$ 이 된다. 이제 정수와 분수를 합쳐서 $5\frac{6}{7}$ 을 얻을 수 있다.

가분수를 대분수로 변환하기

분자에 분모가 몇 번 들어갈 수 있는지 확인한다.
이것이 정수 부분이 되고, 분자에 남는 숫자는 새로운 분자가 된다.

$$\frac{23}{9}$$

$$9 \times 2 = 18$$
$$23 - 18 = 5$$

$$2\frac{5}{9}$$

가분수 ⟶ 대분수

3.3 분수 비교하기

때로는 두 분수를 비교해 무엇이 더 크고 작은지를 알아야 할 때도 있다. 두 분수가 같은 분모를 가진다면 분자를 비교해서 더 큰 쪽이 무엇인지 알 수 있다. 하지만 분모가 다른 분수들을 비교할 때는 먼저 몇 가지 계산을 먼저 거쳐야만 한다.

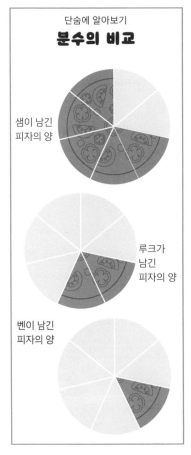

단숨에 알아보기
분수의 비교

샘이 남긴 피자의 양

루크가 남긴 피자의 양

벤이 남긴 피자의 양

비교하려는 분수들의 분모가 서로 같다면 분자만 비교하면 된다. 물론 분자가 더 큰 분수가 더 크다. 예를 들어 샘과 루크와 벤이 각자 자신의 피자를 7조각으로 잘랐다. 각각 $\frac{2}{7}$, $\frac{5}{7}$, $\frac{6}{7}$ 만큼 먹었다고 한다면 이 중 가장 많이 먹은 사람은 누구일까?

우선 모두 7조각으로 잘랐으므로 분모가 같다. 때문에 분자만 비교하면 된다. 가장 큰 숫자는 6이므로 벤이 가장 많이 먹었다는 것을 알 수 있다.

두 분수의 분모가 다르다면 분수를 비교하기 전에 먼저 분모들을 같게 만들어줘야 한다. 분모를 같게 만들어 주기 위해서는 두 분모의 공배수를 찾아야 한다. 공배수를 찾았다면 분모에 곱한 만큼 반드시 분자에도 곱해줘야 한다. 만약 $\frac{2}{3}$ 와 $\frac{4}{7}$ 를 비교하려면 분모 3과 7을 최소공배수 21로 바꾸고, 분자 2와 4에도 각각 7과 3을 곱해줘야 한다: $\frac{2}{3} \rightarrow \frac{2\times7}{3\times7} \rightarrow \frac{14}{21}$, $\frac{4}{7} \rightarrow \frac{4\times4}{7\times3} \rightarrow \frac{16}{21}$.

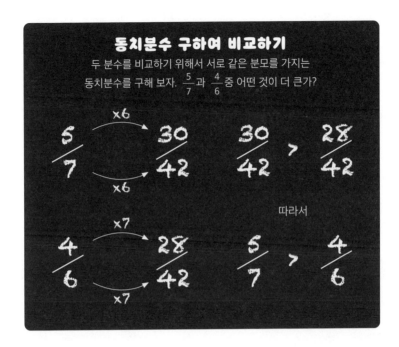

예를 들어 $\frac{5}{7}$ 와 $\frac{4}{6}$ 를 비교해 보자. 먼저 분모 7과 6의 구구단에서 공배수인 42 를 찾을 수 있다. 42가 분모가 되도록 동치분수를 구하면 $\frac{30}{42}$ 과 $\frac{28}{42}$ 을 구할 수 있다. 이제 분모가 같으니 분자를 비교해 보자. 30이 28보다 크기 때문에 $\frac{30}{42}$, 즉 $\frac{5}{7}$ 가 더 크다는 사실을 알 수 있다.

만약 둘 중 하나가 대분수 형태로 쓰였다면 앞서 배웠듯 가분수로 비교한 뒤, 분모의 공배수를 찾도록 하자.

쪽지 시험

1. 이 중 어떤 분수가 가장 작을까?

$$\frac{9}{15}, \frac{3}{15}, \frac{2}{15}, \frac{14}{15}$$

2. 다음의 분수들을 오름차순으로 정렬해 보자.

$$\frac{1}{2}, \frac{2}{3}, \frac{2}{6}, \frac{2}{5}$$

3. 이 중 동치분수는 무엇일까?

$$\frac{6}{10}, \frac{5}{9}, \frac{36}{50}, \frac{4}{17}, \frac{8}{36}, \frac{30}{54}$$

4. 다음의 분수들을 오름차순으로 정렬해 보자.

$$\frac{11}{2}, \frac{13}{7}, \frac{15}{11}$$

3.4 분수의 덧셈과 뺄셈

지금까지 분수 쓰는 법과 동치분수를 찾는 법, 두 분수를 비교하는 방법을 배워 보았다. 하지만 아직 분수를 계산에 사용하지는 않았다. 분수를 더하거나 빼는 것은 복잡해 보일 수 있지만 기본적인 덧셈과 뺄셈에서 한두 단계가 추가될 뿐이다.

우리는 이전 학습 주제에서 분수를 비교할 때는 우선 같은 분모를 가지도록 동치분수부터 구해야 한다는 사실을 배웠다. 분수를 계산할 때도 마찬가지로 같은 분모를 가지는 동치분수를 구한 뒤 분자를 더하거나 빼면 된다.

이제 아래의 문제를 풀어보자.

토막 상식

여러 분수의 분모들의 공통분모를 구하기 위해서는 우선 분모들의 최소공배수를 구해야 한다. 만약 최소공배수를 찾기 어렵다면 두 분모를 곱해서 새로운 분모를 구한 뒤 찾아보자. 그리고 마지막에 다시 약분하자.

$$\frac{1}{3} + \frac{4}{5} - \frac{2}{4}$$

첫째, 세 분모의 최소공배수를 찾자. 3, 4, 5의 최소공배수는 60이다.

둘째, 동치분수를 구하자.

$$\frac{1}{3} = \frac{20}{60} \qquad \frac{4}{5} = \frac{48}{60} \qquad \frac{2}{4} = \frac{30}{60}$$

이제 계산해 보자.

$$\frac{20}{60} + \frac{48}{60} - \frac{30}{60} = \frac{38}{60} = \frac{19}{30}$$

대분수의 덧셈과 뺄셈은 꽤 어려울 수 있다. 우선 대분수를 가분수로 바꾼 뒤, 분모를 최소공배수로 바꾸고 분자를 더하거나 뺀다. 다음의 예시를 살펴보자.

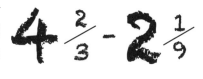

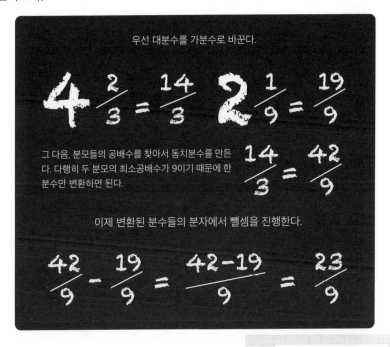

우선 대분수를 가분수로 바꾼다.

$$4\frac{2}{3} = \frac{14}{3} \qquad 2\frac{1}{9} = \frac{19}{9}$$

그 다음, 분모들의 공배수를 찾아서 동치분수를 만든다. 다행히 두 분모의 최소공배수가 9이기 때문에 한 분수만 변환하면 된다.

$$\frac{14}{3} = \frac{42}{9}$$

이제 변환된 분수들의 분자에서 뺄셈을 진행한다.

$$\frac{42}{9} - \frac{19}{9} = \frac{42-19}{9} = \frac{23}{9}$$

위 예시의 답은

$$\frac{23}{9} = 2\frac{5}{9}$$ 이다.

이처럼 가분수로 만들어 계산한 후에는 다시 대분수로 변환하는 것을 잊지 말자.

3.5 분수의 곱셈과 나눗셈

분수의 덧셈과 뺄셈에서는 분모를 같게 만들어줘야 했지만, 곱셈과 나눗셈에서는 그럴 필요가 없다. 분수의 곱셈에서는 분자는 분자에 곱하고, 분모는 분모에 곱한다. 분수를 나눌 때는 뒤에 오는 분수를 뒤집은 뒤, 두 분수를 곱한다. 대분수가 있다면 가분수로 변환한 뒤 똑같은 방법으로 계산하면 된다.

분수에 정수를 곱할 때는 분자에 정수로 곱하는 것이므로 분모는 변하지 않는다. 예를 들어보자. 리너스는 친구들을 위해 미니 케이크를 굽고 있었다. 집에 초대한 친구는 11명이고, 리너스는 친구들에게 각각 케이크를 $\frac{1}{4}$ 조각씩 대접하려고 한다. 따라서 몇 개의 케이크를 만들어야 할지 계산하기 위해 11에 $\frac{1}{4}$ 을 곱했다.

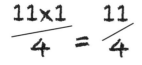

대분수로 정리해 보면 다음과 같다.

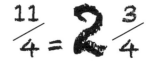

단숨에 알아보기
분수에 정수를 곱해주기

분수에 정수를 곱할 때는 분자에만 곱셈을 진행하고 분모는 그대로 둔다.

따라서 리너스는 케이크를 3개 정도 구워야 한다는 사실을 알 수 있다.

분수에 다른 분수를 곱하는 경우 분자는 분자끼리, 분모는 분모끼리 곱하면 된다. 예를 들어 $\frac{2}{5}$ 와 $\frac{3}{4}$ 을 곱해보자.

$$\frac{2}{5} \times \frac{3}{4} = \frac{2\times3}{5\times4} = \frac{6}{20} = \frac{3}{10}$$

분수를 정수로 나눌 때는 분자는 그대로 두고, 분모에 정수를 곱해주면 된다. $\frac{3}{7}$ ÷10을 살펴보자.

$$\frac{3}{7\times10} = \frac{3}{70}$$

분수를 다른 분수로 나누려면 한 가지 추가적인 단계가 필요하다. 뒤에 오는 분수를 뒤집은 뒤 곱셈처럼 분모는 분모끼리, 분자는 분자끼리 곱하는 것이다. 다음의 예시를 살펴보자.

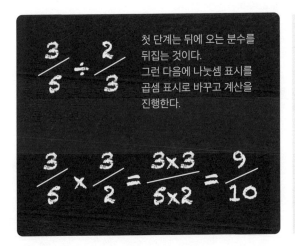

첫 단계는 뒤에 오는 분수를 뒤집는 것이다.
그런 다음에 나눗셈 표시를 곱셈 표시로 바꾸고 계산을 진행한다.

$$\frac{3}{5} \times \frac{3}{2} = \frac{3\times3}{5\times2} = \frac{9}{10}$$

쪽지 시험

다음의 문제를 풀어보자.

1. $\frac{2}{9} \times 6 = ?$

2. $\frac{3}{8} \times \frac{1}{4} = ?$

3. $\frac{5}{7} \div 3 = ?$

4. $\frac{9}{10} \div \frac{2}{5} = ?$

|3.6 백분율

백분율은 100을 분모로 가지는 분수를 표현하는 방법이다. 보통 % 기호를 사용해 어떤 숫자가 전체 중 얼마를 차지하는지 나타낸다. 예를 들어 100분의 30은 30%라고 쓸 수 있다. 하지만 "110% 증가"처럼 전체보다 더 큰 수치를 표현할 때도 쓸 수 있다.

50개의 사과 중 26개를 먹고 24개가 남았다. 그날 먹은 사과는 전체 중 몇 퍼센트인가? 우선 먹은 사과의 개수를 분자로, 총 사과의 개수를 분모로 두어 $\frac{26}{50}$ 이 된다. 백분율은 100을 분모로 가진다는 사실을 기억하고 동치분수를 구해보자. 50에서 100이 되려면 2를 곱해야 한다. 분모에 2를 곱했으니 분자에도 2를 곱해주자.

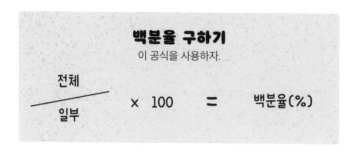

백분율 구하기

이 공식을 사용하자.

$$\frac{\text{전체}}{\text{일부}} \times 100 = \text{백분율(\%)}$$

따라서 100개 중 52개, 즉 52%가 된다.

$$\frac{26}{50} = \frac{52}{100}$$

때로는 분수를 백분율로 변환하기가 어려울 수도 있다. 예를 들어 어느 날 13명이 함께 바닷가로 여행을 갔다. 그중 4명만 수건을 가져 왔다. 이때 수건을 가져온 사람은 몇 퍼센트일까? 13은 50처럼 깔끔하게 100으로 만들 수 없다. 천천히 다음 과정을 따라해 보자.

우선 분자에는 수건을 가져온 친구들의 숫자(4)가 들어가고, 분모에는 전체 친구들의 숫자(13)가 들어가므로 $\frac{4}{13}$이 된다. 또는 4÷13으로 계산해도 된다. 그렇게 나온 값에 100을 곱해주면 백분율이 된다. 이 경우 0.3076…×100= 30.76%이다. 일의 자리로 반올림하면 31%가 된다.

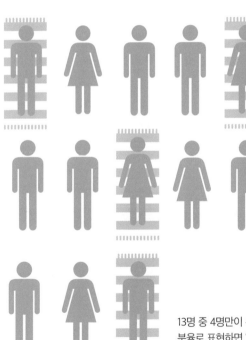

쪽지 시험

다음의 문제를 백분율로 변환해 보자. 그리고 정수로 반올림해 보자.

1. 20개 중 5개
2. 25개 중 3개
3. 19개 중 16개
4. 36개 중 23개

13명 중 4명만이 수건을 가져왔다는 것을 백분율로 표현하면 '약 31%의 친구들이 수건을 가져왔다'고 할 수 있다.

3.7 백분율을 분수와 소수로 변환하기

백분율을 사용해 계산하는 것은 분수나 소수로 계산하는 것보다 더 쉽다. 백분율이 100을 분모로 가지는 분수를 뜻한다는 점을 기억해 보면 분수로 변환하는 것은 간단하다. 백분율을 소수로 변환하기 위해서는 100으로 나누어 주면 된다.

백분율을 분수로 변환하는 첫 단계는 간단하다. 백분율을 분자에 두고 100을 분모로 둔다. 그리고 가능하다면 약분하도록 하자. 예를 들어 34%는 $\frac{34}{100}$으로 만든 뒤, 약분해 $\frac{17}{50}$이 된다. 이처럼 자주 등장하는 백분율이나 분수들이 있으므로 외워두면 빠르고 쉽게 사용할 수 있다.

퍼센트를 소수로 변환하려면 값을 100으로 나누어 주면 된다: 86%= 86÷100= 0.86. 이전에 배운 것처럼 어떤 숫자를 100으로 나눌 때는 100에 0이 두 개 있으므로 소수점을 왼쪽으로 두 자리 움직이거나 숫자들을 오른쪽으로 두 자리 움직이고 0을 채워 넣어주면 된다(44페이지 참조).

백분율을 소수로 변환하는 것은 조금만 연습하면 계산 없이도 쉽게 할 수 있다. 소

백분율에서 소수로, 소수에서 분수로

백분율	소수	분수
10	0.1	1/10
20	0.2	1/5
25	0.25	1/4
33.3	0.333	1/3
50	0.5	1/2
75	0.75	3/4
80	0.8	4/5
100	1.0	1/1

수에서 백분율로 변환하는 것 또한 쉽다. 100을 곱하는 것이니 소수점을 오른쪽으로 두 자리 옮겨주면 된다. 예를 들어 0.68은 68%가 된다.

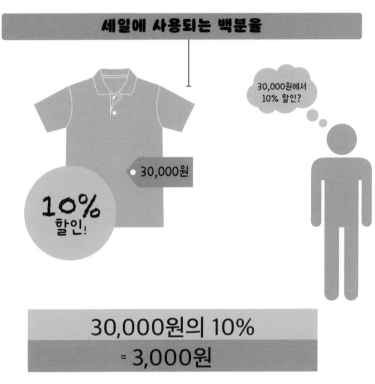

백분율은 세일에 자주 사용된다. 때문에 머릿속에서 간단한 백분율 계산을 할 줄 알면 유용하게 사용할 수 있다.

쪽지 시험

계산기를 사용하지 말고 다음의 문제를 풀어보자.

1. 23%를 분수로 변환해 보자.

2. 55%를 분수로 변환해 보자.

3. 39%를 소수로 변환해 보자.

4. 0.98을 백분율로 변환해 보자.

3.8 분수를 소수로 변환하기

때와 상황에 따라서 분수를 소수로, 또는 소수를 분수로 변환해야 할 때도 있다. 분수는 분자를 분모로 나눈 것을 표현하는 방법이다. 또한 '/' 기호는 나누기 또는 분수를 뜻한다: 1/5 = 1÷5.

 나누기 기호(/)는 마치 분수의 가로선을 나타내는 것처럼 보인다. 이것을 이해하면 분수가 나눗셈을 표현하는 방식의 하나라는 것을 쉽게 알 수 있을 것이다.

분수를 소수로 변환하는 경우 분모를 잘 살펴봐야 한다. 분모가 10, 100, 또는 1000의 인수라면 100을 분모로 가지는 동치분수로 바꾼 뒤 소수로 나타낼 수 있다. 예를 들어 2/5를 소수로 나타내려면 먼저 5의 인수인 10으로 분모를 바꾼다. 4/10로 변환된 뒤에는 4÷10= 0.4라는 것을 더욱 쉽게 알 수 있다. 10, 100, 또는 1000으로 나누는 방법을 기억하면 이런 계산 정도는 빠르게 할 수 있다(44페이지 참조).

하지만 분모가 항상 10, 100 등의 인수인 것은 아니므로 나눗셈을 해야 할 수도 있다. 예를 들어 5/16을 소수로 변환해 보자. 이는 5÷16과 같으니 오른쪽 페이지처럼 나눗셈을 해야 한다.

먼저 5를 5.0000라고 적어 보자. 5를 16으로 나눌 수 없으므로 일의 자리에 0을 쓰고, 50을 가지고 소수점 첫 번째 자리로 넘어가자. 50에는 16이 총 세 번 들어가고 2가 남는다. 따라서 소수점 첫 번째 자리에 3을 적은 뒤 남은 20을 가지고 소수점 두 번째 자리로 넘어간다. 이러한 나눗셈 과정을 반복하면 0.3125라는 값을 얻게 된다.

5/16을 소수로 변환하기

나눗셈을 통해 분수를 소수로 변환해 보자.

$16\overline{)5.000}$

5를 16으로 나눌 수 없으므로 정수 자리에 0을 쓰고 5는 다음 자리로 가지고 넘어간다.

$16\overline{)\require{cancel}\cancel{5}{.}^5000}$ 0.3

50에는 16이 3번 들어가고 2가 남기 때문에 2를 가지고 다음 자리로 넘어간다.

$16\overline{)\cancel{5}{.}^5 0^2 00}$ 0.31

20에는 16이 한 번 들어가고 4가 남기 때문에 4를 가지고 다음 자리로 넘어간다.

$16\overline{)\cancel{5}{.}^5 0^2 0^4 0}$ 0.312

40에는 16이 두 번 들어가고 8이 남는다. 이 과정을 반복해서 소수점 세네 번째 자리를 구한다.

쪽지 시험

다음의 분수들을 소수로 변환해 보자.

(만약 필요하다면 소수점 세 번째 자리에서 반올림하자.)

1. $\dfrac{3}{100}$

2. $\dfrac{13}{20}$

3. $\dfrac{3}{8}$

4. $\dfrac{4}{9}$

소수, 분수, 백분율

1. 파이를 8조각으로 자른 뒤, 3조각을 먹었다. 먹은 케이크의 양을 분수로 나타내 보자.

A. $\dfrac{3}{8}$ B. $\dfrac{1}{8}$

C. $\dfrac{3}{5}$ D. $\dfrac{5}{8}$

2. $\dfrac{24}{80}$ 를 최대한 약분해 보자.

A. $\dfrac{3}{20}$ B. $\dfrac{3}{10}$

C. $\dfrac{12}{40}$ D. $\dfrac{6}{20}$

3. $4\dfrac{3}{11}$ 을 가분수로 변환해 보자.

4. $\dfrac{53}{7}$ 을 대분수로 변환해 보자.

5. 이 중 가장 작은 분수는 무엇일까?

A. $\dfrac{1}{13}$ B. $\dfrac{12}{13}$

C. $\dfrac{4}{13}$ D. $\dfrac{9}{13}$

6. $2\dfrac{2}{5}$, $2\dfrac{5}{9}$, $2\dfrac{1}{6}$ 을 오름차순으로 정렬해 보자.

7. $\dfrac{17}{9} + \dfrac{21}{11} = ?$

8. $\dfrac{44}{5} + \dfrac{32}{3} - \dfrac{1}{4} = ?$

9. $\dfrac{4}{9} \times \dfrac{3}{7} = ?$

10. $\dfrac{7}{11} \div \dfrac{3}{4} = ?$

11. '40개 중 4개'를 백분율로 나타내보자.

A. 20%

B. 4%

C. 10%

D. 40%

12. '49개 중 27'을 백분율로 변환하고, 반올림하여 일의 자리까지 나타내 보자.

A. 49%

B. 48%

C. 27%

D. 55%

13. 64%를 분수로 변환해 보자.

14. 37%를 소수로 변환해 보자.

15. $\dfrac{13}{100}$ 을 소수로 변환해 보자.

16. $\dfrac{5}{23}$ 를 소수로 변환한 뒤, 소수점 세 번째 자리에서 반올림해 보자.

3장

간단 요약

소수와 분수와 백분율은 숫자를 나타내는 각기 다른 방법이다. 계산에 바로 사용할 수도 있고 서로 변환할 수도 있다.

- 분수는 정수 사이의 숫자를 나타내는 방법이며, 분자와 분모로 이루어져 있다.
- 분수는 어떤 수를 같은 크기로 조각낸 것이다. 때문에 분모가 같은 분수에서 분자 1은 같은 크기를 의미한다.
- 대분수는 정수와 분수를 혼합한 것이다.
- 두 분수가 같은 분모를 가질 때는 분자가 큰 분수가 더 크다.
- 두 분수의 분모가 다를 경우, 분모를 공배수로 만들어 준 뒤에 비교할 수 있다.
- 분수끼리 더하거나 빼려면 분모가 같아야 한다.
- 분수를 곱할 때는 분자는 분자끼리, 분모는 분모끼리 곱한다.
- 분수를 나눌 때는 뒤에 오는 분수를 뒤집은 뒤 두 분수를 곱한다.
- 백분율은 100을 분모로 가지는 분수를 나타내는 방법이며, 100개 중 n개를 의미한다.
- 백분율을 분수로 변환하는 경우, 백분율이 분자가 되며 분모는 100이다. 마찬가지로 백분율을 100으로 나누어 소수로 변환할 수도 있다.

측정

측정은 사물의 크기나 양에 숫자를 부여하는 것이다. 측정된 양에 단위를 사용하면 기록이나 양, 거리 등을 비교할 수 있다. 이번 장에서는 여러 종류의 측정 시스템과 표준 단위, 단위를 변환하는 방법 또한 다룰 것이다.

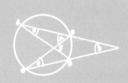

── 이번 장에서 배우는 것 ──

∨시간

∨측정 단위

∨ 파운드법과 미터법 단위

∨단위의 변환

∨둘레

∨넓이를 계산 및 추정하는 방법

∨부피를 계산하는 방법

4.1 시간은 무엇일까?

시간은 어떤 사건의 기간을 설명하거나 측정하기 위해 사용된다. 시간을 측정하는 단위는 표준화되어 있는데 초부터 밀레니엄(1000년)에 이른다. 1분이 60초인 것처럼 시간의 단위는 표준화되어 있지만, 사건에 따라 다르게 느껴질 수 있다.

시간의 단위에는 초, 분, 시, 일, 주, 월, 년, 세기 등이 있다. 대부분의 단위는 고정되어 있지만, 월은 28~31일 사이이며, 1년은 윤년에 따라 365일 또는 366일이다. 기억해야 할 점은 한 주는 7일, 1년은 12달, 하루는 24시간, 1시간은 60분, 1분는 60초이며 이 사실은 변하지 않는다는 것이다. 이런 표준화된 측정 단위는 기원전 2000년경 바빌로니아인들이 고안한 것으로, 그 후에도 바뀌지 않았다.

여러 종류의 시계들

하루를 나타내는 방법으로는 24시간(00:00~23:59) 또는 12시간(am 또는 pm 00:00 ~11:59)이 있다. 자정에서 정오까지, 즉 오전에는 am을 사용하고, 정오부터 자정까지, 즉 오후에는 pm을 사용한다. 두 방법 모두 사용되기 때문에 둘 다 이해하는 것이 중요하다.

12시간 단위에서 24시간 단위로 변환하는 것은 상대적으로 단순하다. 시간이 am이면 그대로 두고, pm이면 12시간을 더하면 된다. 예를 들어 pm 2:00는 14:00이라고 적을 수 있다. 24시간 단위에서 12시간 단위로 변환할 때는 12시 이후면 12를 빼고 pm을 적고, 12시보다 이전이라면 시간을 그대로 두고 am을 적는다. 예를 들어 17:00은 pm 5:00라고 적을 수 있다.

해시계

해를 이용하는 해시계는 그림자의 길이와 방향으로 시간을 나타낸다.

시간을 사용한 계산

우리는 영화가 끝날 시간을 계산할 때, 약속 장소에 도착할 시간을 예상할 때 등 일상 속에서도 자주 시간을 계산하곤 한다. 시간을 계산할 때는 여러 단계로 진행하는 것이 좋다. 예를 들어 pm 7:05(19:05)에 시작하는 슈퍼히어로 영화를 볼 계획이고, 이 영화의 러닝 타임은 2시간 50분이다. 만약 영화관에서 광고 영상을 보여주지 않고 제시간에 상영을 시작한다면 영화는 몇 시에 끝날까? 가장 간단한 방법은 우선 시간을 더하는 것이다. 먼저 7:05에 2:00을 더하면 9:05가 된다. 그 다음 분 단위를 더한다; 9:05+0:50. 따라서 영화는 pm 9:55에 끝난다는 사실을 알 수 있다.

단숨에 알아보기
시간의 변환

일반적인 아날로그 시계는 12시간 단위이다. 이 시계의 시침은 6과 7사이에 있고, 분침은 8에 있으므로, 우리는 이것이 pm 6:40이라는 것을 알 수 있다. 또한 6에 12를 더해 18:40이라는 것도 알 수 있다.

디지털 시계는 24시간 단위이며, 22:15을 나타내고 있다. 만약 12시간 단위로 시간을 나타내려면 여기에서 12를 빼 10:15를 구한 뒤, pm을 붙여 pm 10:15이라고 적을 수 있다.

쪽지 시험

1. 19:40을 12시간 단위로 변환해 보자.

2. pm 11:55을 24시간 단위로 변환해 보자.

3. 한 주는 총 몇 분일까?

A. 1,440 B. 11,520 C. 10,080 D. 8,640

|4.2   측정 단위

측정한 값에 대해 이야기할 때는 측정한 것이 무엇을 뜻하는지 설명하는 단위를 꼭 붙여야 한다. 예를 들어 16미터는 1미터가 16번 이어졌다는 것을 뜻한다. 표준화된 측정 단위는 누가 사용하든지 균일하다. 현재 표준 단위로 사용되는 것은 파운드법, 미터법, 국제단위계(SI)이다.

측정을 위해서는 올바른 도구가 필요하다. 다행히도 쉽게 사용할 수 있는 측정 도구가 많다. 길이를 측정하기 위해서는 센티미터 또는 인치 단위 자를 사용할 수 있다. 또는 미터와 피트라는 더 큰 단위를 가진 줄자를 사용할 수도 있다. 저울은 그램, 킬로그램, 파운드, 온스 등의 단위를 사용한다. 계량컵은 밀리리터와 리터, 또는 온스나 핀트 사용해 액체의 부피를 측정한다. 스톱워치를 사용하면 기록을 초, 분, 시간 단위로 정확하게 측정할 수 있다. 또한 상황에 맞는 적절한 단위를 사용하는 것이 중요하다. 흰긴수염고래의 무게는 약 90,700~136,000킬로그램, 혹은 200,000~300,000파운드에 달한다. 이런 경우 톤 단위를 사용하는 것이 더 적절할 것이다. 하지만 들쥐의 무게는 약 19그램 또는 0.67온스 정도에 불과하다. 때문에 톤 단위를 사용하는 것은 적절하지 않다.

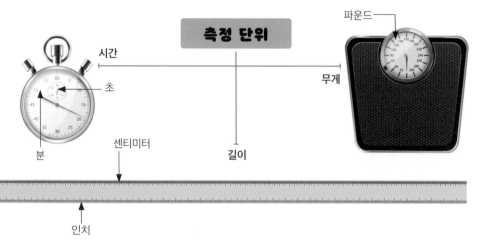

알맞은 단위 선택하기

적절한 표준 측정 단위를 사용하는 것이 중요하다.
당연히 고래와 개구리의 무게를 잴 때는 같은 단위를 사용하지 않는다.

40톤

8온스

고래
40톤 / 35,000킬로그램

개구리
22.7그램 / 0.80온스

비표준 단위

자주 사용되지 않거나 사용될 때마다 다른 단위(신발, 펜, 책상, 컵)는 비표준 단위라고 할 수 있다. 예를 들어 펜 길이를 잴 때 사용하기로 정해진 표준 단위는 없으므로 회사마다 원하는 단위로 표기한다. 비표준 측정 단위들은 길이나 부피 등에 대한 추정치를 제시하지만, 정확한 측정값은 아니다.

쪽지 시험

1. 이 중 길이를 나타내는 표준 단위는 무엇일까?

   A. 파운드   B. 피트   C.리터   D.분

2. 이 중 어떤 도구가 무게를 측정할 때 사용될까?

   A. 스톱워치   B.체중계   C.줄자   D.자

3. 이 중 비표준 단위는 무엇일까?

   A. 미터   B.톤   C.머리카락   D.인치

4. 고층 건물의 높이를 나타낼 때는 어떤 단위가 가장 적절할까?

   A. 피트   B.인치   C.파운드

|4.3 파운드법 단위

여러 종류의 표준 측정 단위가 있다. 미국, 영국, 라이베리아, 미얀마는 파운드 단위를 사용한다. 하지만 다른 국가들은 파운드 단위와 미터 단위를 혼합해서 사용하거나 미터법만을 사용한다.

파운드 단위법은 길이, 넓이, 부피, 무게, 속도를 측정하기 위해 사용된다. 시간은 파운드나 미터로 잴 수 없다. 길이는 인치(in), 피트(ft), 야드(yd), 마일(mi)로 측정되고 넓이는 제곱 인치(in²), 제곱 피트(ft²), 제곱 마일(mi²)로 측정된다. 부피는 세제곱 인치(in³), 세제곱 피트(ft³) 등으로 측정된다. 무게나 질량은 갤런(gal), 온스(oz), 파운드(lb), 스톤(st), 톤(미터법의 톤과는 다르다)으로 측정된다. 마지막으로 길이는 마일(mi), 속도는 시간당 마일(mi/h 또는 mph)을 사용해 측정된다.

 파운드법은 옛 대영제국에서 기원했다. 미국이 영국에게서 독립을 성취했을 때 미국 정부는 단위법을 그대로 사용했지만, 다른 국가들은 미터법을 채택했다.

단숨에 알아보기
환산 비율

길이	1피트(ft)	=	12인치(in)
	1야드(yd)	=	3피트(ft)
부피	1갤런(gal)	=	8파인트(pint)
무게	1스톤(st)	=	14파운드(lb)
	1파운드(lb) =		16온스(oz)

자주 사용되는 환산 비율을 알아두면 좋다.

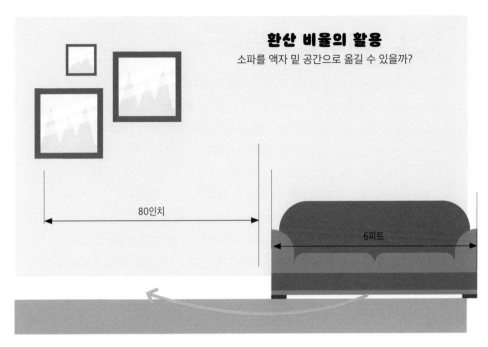

환산 비율의 활용
소파를 액자 밑 공간으로 옮길 수 있을까?

80인치

6피트

파운드법 단위의 환산 비율

환산 비율을 한 번 외워두면 필요할 때 빠르게 적절한 단위로 환산할 수 있다. 예를 들어 소파의 길이를 인치로 변환하려면 환산표의 수치를 적절하게 곱하거나 나누면 된다. 1피트는 12인치이므로 12를 곱해주면 된다: 6×12= 72. 즉 소파는 72인치이므로 공간에 충분히 들어갈 것이다(휴우!).

작은 단위에서 큰 단위로 환산하면 숫자가 작아진다. 다이어트를 예로 들어보자. 과체중이었던 돌고래 디노가 몸무게를 21파운드만큼 뺐다. 이것을 스톤으로 변환하려면 1스톤은 14파운드라는 것을 기억하면 된다. 따라서 파운드를 14로 나눈다: 21÷14= 1.5. 즉 디노는 여름 동안 몸무게를 1.5스톤만큼 뺐다고 할 수 있다.

쪽지 시험

1. 1피트는 몇 인치일까?
2. 1파운드는 몇 온스일까?
3. 9피트를 야드 단위로 변환해 보자.
4. 40파인트를 갤런 단위로 변환해 보자.
5. 12야드를 피트로 변환해 보자.

4.4 미터법 단위

오늘날 대부분의 국가들은 미터법 단위계를 사용한다. 미터법은 12, 14, 16이 아니라 10, 100순으로 증가하기 때문에 파운드 단위보다 훨씬 쉽다. STEM(Science, Technology, Engineering, Mathematics, 과학, 기술, 공학, 의학, 즉 이공계) 분야와 국제적으로 출판되는 연구에는 일반적으로 미터법이 사용된다.

미터법에서 길이를 측정하는 단위로는 밀리미터(mm), 센티미터(cm), 미터(m), 킬로미터(km) 등이 있다. 넓이에는 그 단위의 제곱인 mm^2, cm^2, m^2, km^2가 사용되며, 부피에는 세제곱인 mm^3, cm^3, m^3, km^3가 사용된다. 무게나 질량의 경우 밀리그램(mg), 그램(g), 킬로그램(kg), 톤(t)이 사용된다. 거리에는 km, m가 사용되며, 속도에는 시간당 킬로미터(km/h 또는 kmph) 또는 시간당 미터(m/h)가 사용된다.

미터법

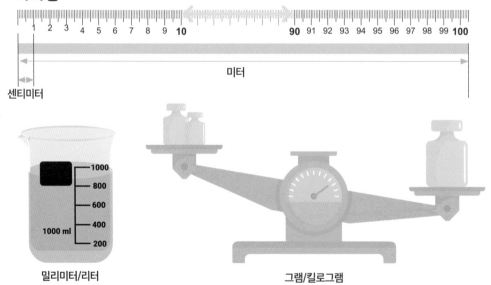

미터법 단위들은 STEM 분야에서 널리 사용된다.

토막 상식 미터법은 1789년 프랑스 대혁명 당시에 너무나도 많은 단위 법을 정리하기 위해 만들어졌고, 이후 모두가 이해할 수 있는 보편적인 단위계로 자리 잡았다.

단숨에 알아보기
환산 비율

길이	10mm= 100cm= 1000m=	1cm 1m 1km
부피	1000cm³= 1cm³=	1l 1ml
무게	1000g= 1000kg=	1kg 1t

자주 사용되는 환산 비율을 알아두면 편하다.

용어

이미 눈치챘겠지만, 길이를 측정하는 주 단위는 미터이고, 그 앞에 킬로, 센티, 데시, 밀리 등의 접두사를 붙여 길이를 나타낸다. "킬로"는 천(1000)을 뜻하고, "데시"는 10분의 1을 뜻하며 "센티"는 100분의 일, "밀리"는 1000분의 일을 뜻한다. 이러한 접두사를 "미터" 앞에 두면서 그 길이가 미터보다 얼마나 크거나 작은지 나타내는 것이다. 예를 들어 킬로미터는 1,000미터이고 킬로그램은 1,000그램이며 밀리미터는 1000분의 1미터, 즉 0.001미터이다.

미터법에서 단위를 변환하기는 매우 쉽다. 단순히 10, 100, 1000을 곱하거나 나누면 된다(42~45페이지 참조). 예를 들어 킬로그램을 톤으로 변환하려면 1000으로 나누면 된다(톤은 1,000kg이다).

|4.5 단위 환산

숫자에 같은 단위에서만 계산 또는 비교할 수 있다. 각기 다른 단위의 수를 계산에 사용하거나 비교할 때는 같은 단위로 환산해야 한다.

다양한 단위의 숫자를 계산하거나 비교할 때는 우선 모든 숫자가 같은 단위를 가지도록 변환하는 게 중요하다. 그렇게 하기 위해서는 환산 비율을 알아야 한다.

맥스의 키는 1미터 57센티미터이고 포피는 152센티미터이다. 둘 중 누가 더 큰지 알고 싶다면 먼저 맥스의 키를 센티미터로 환산해 보자. 1미터는 100센티미터니까 결과를 얻기 위해서는 100에 57을 더하면 된다. 맥스의 키는 157센티미터로, 포피보다 5센티미터 더 크다.

토막 상식

'화씨(°F)'는 온도를 재는 파운드법 단위이고, '섭씨(°C)'는 미터법 단위이다. 섭씨를 화씨로 환산하기 위해서는 1.8을 곱한 뒤 32를 더해야 한다. 마찬가지로 화씨를 섭씨로 환산하려면 32를 뺀 뒤 1.8로 나누면 된다. 예를 들어 37°C를 화씨로 환산하는 과정은 다음과 같다.

37×1.8+32= 98.6°F

단숨에 알아보기
근사(≈) 환산 비율

1인치(inch)	≈	2.5센티미터(cm)
2.2파운드(lb)	≈	1킬로그램(kg)
1피트(ft)	≈	30센티미터(cm)
1파인트(pt) (미국 기준)	≈	0.5리터(L)
1갤런(gal) (미국 기준)	≈	3.8리터(L)
1마일(mi)	≈	1.6킬로미터(km)

자주 사용되는 환산 비율을 알아두면 편하다.

같은 것끼리 비교하기

누가 더 기름을 많이 넣었는지 또는 적게 넣었는지 알기 위해서는 한 단위로 환산해야 한다.

때로는 파운드법과 미터법이 모두 사용되기도 한다. 이런 경우에는 같은 단위로 환산한 뒤 계산하면 된다.

탈라와 마이는 자동차에 기름을 넣고 있다. 탈라는 8갤런을 넣었고, 마이는 34리터를 넣었다. 누가 더 기름을 많이 넣었는가? 이 경우 우선 어떤 단위로 통일할 것인지 결정해야 한다. 여기에서는 파운드법을 사용해 보자.

마이가 넣은 기름 34리터를 갤런으로 환산하기 위해 3.8리터= 1갤런의 비율을 사용한다: 34÷3.8= 8.95갤런. 따라서 마이는 거의 9갤런에 가까운 기름을 넣었고, 탈라는 8갤런만 넣었기 때문에 마이가 더 많이 넣었다는 결론을 얻을 수 있다.

|4.6 둘레

'둘레'는 평면 도형을 둘러싸는 거리를 말한다. 둘레는 거리이기 때문에 인치, 피트, 마일, 또는 센티미터, 미터, 킬로미터로 측정된다. 둘레는 모든 면의 길이를 더한 값과 같다. 하지만 원은 하나의 변이 둥글게 이어진 형태이기 때문에 특별한 공식을 사용해 둘레를 계산한다.

전체 둘레를 다 계산했는지 확인하기 위해 한 꼭짓점에서 시작해 한 바퀴 돌아보자. 이때 지나간 면은 표시해 헷갈리지 않도록 한다. 예를 들어 세 변의 길이가 2센티미터, 3센티미터, 4센티미터인 삼각형이 있다면 둘레는 P= 2+3+4= 9센티미터가 된다. 변이 네 개인 도형은 네 변의 길이를 더해야 할 것이다. 또한 둘레는 길이이기 때문에 센티미터나 미터, 인치, 피트 등의 단위로 측정해야 한다. 만약 단위가 제곱이라면 면적을 측정한 것이고, 세제곱이라면 부피를 측정한 것이다.

둘레 측정하기

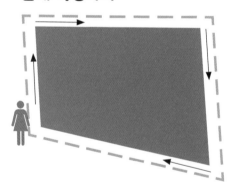

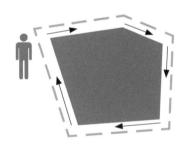

모양의 둘레를 측정하기 위해서는 한 점에서 시작해서 바깥을 따라 한 바퀴를 돌아 걷기 시작한 점까지 돌아온다고 생각해 보자.

원의 둘레

원의 둘레는 '원주'라고 불린다. 원은 각 없이 굽어 한 바퀴를 돌아서 만들어진다. 원주를 구하기 위해서는 원의 지름과 파이(π)를 알아야 한다. 지름은 원의 한 점에서 시작해 원의 중심을 지나 반대쪽 점까지의 길이를 뜻한다. 파이는 '원주율'이라는 매우 길고 특별한 숫자를 나타내기 위해 사용되는 기호인데, 이 숫자는 3.14159…로 시작한다. 다행히도 대부분 계산기에 파이값이 저장되어 있으므로 외울 필요는 없다.

단숨에 알아보기

원의 둘레 계산하기

일본의 오유 스톤 서클 중 가장 큰 원의 지름은 46미터이다.
그렇다면 이 원의 둘레는 46에 π(3.14……)를 곱해 약 144.5m라는 것을 알 수 있다.

반지름(r)= 23미터

지름= 46미터

원의 둘레=$2\pi r$

4.7 넓이 계산하기

'넓이'는 도형이 차지하는 공간이나 표면의 양을 뜻한다. 만약 평평한 면을 가진 도형이라면 가로×세로라는 단순한 공식을 통해 넓이를 계산할 수 있지만, 곡선을 가진 도형이라면 다른 방법으로 계산해야 한다.

넓이는 이차원의 개념이기 때문에 평면으로 계산하고 주로 in^2이나 m^2처럼 제곱 단위가 사용된다. 숫자 뒤에 제곱 단위가 있다면 이것이 넓이를 뜻한다는 것을 바로 알 수 있다. 만약 도형에 모양에 격자가 있다면 그 격자의 개수를 세어 넓이를 알 수도 있다. 아래의 예제는 1cm 격자를 사용했기 때문에 각 사각형의 넓이가 $1cm^2$이 된다. 6개의 사각형이 있으므로 넓이는 $6 \times 1cm^2 = 6cm^2$이라는 것을 알 수 있다.

정사각형의 넓이를 구하는 방법은 매우 단순하며 제곱 숫자를 다룰 때 잠시 언급되었다. 정사각형은 각 변의 길이가 같으므로 한 변의 길이를 제곱하면 정사각형의 넓이가 된다. 한 변의 길이가 5cm인 정사각형의 넓이는 $5 \times 5 = 25cm^2$이다. 사각형의 넓이는 가로변의 길이에 세로변의 길이를 곱한 것이고, 삼각형의 넓이는 $\frac{1}{2} \times$밑변$\times$높이이다. 또한 평행사변형의 넓이는 밑변에 직각을 가진 변의 높이를 곱하면 된다.

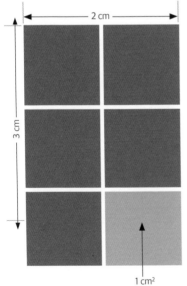

정사각형을 사용해 넓이 구하기

2 cm

3 cm

$1 cm^2$

도형에 격자무늬가 있다면, 채워진 정사각형의 수를 세어 쉽게 넓이를 구할 수 있다.

원의 넓이 공식

항상 그렇듯이 원은 특별한 공식을 가진다. 원의 넓이를 구하기 위해서는 지름이 필요하다. 지름은 원을 가로지르는 선의 길이를 말한다. 원의 넓이 공식은 $\pi \times ($반지름$^2)$이다. 예를 들어 지름이 8센티미터인 원의 넓이는 π에 반지름 4의 제곱을 곱해 구할 수 있다: $\pi \times 4 \times 4 = 50.24cm^2$

단숨에 알아보기

넓이를 계산하는 방법

삼각형	높이 밑변 **넓이= $\frac{1}{2}$ ×밑변×높이**
사각형	한 변의 길이 **넓이= 길이×길이(또는 길이²)**
정사각형	가로변의 길이 세로변의 길 **넓이= 가로×세로**
원	반지름 **넓이= π×반지름²**
평행사변형	높이 밑변 **넓이= 밑변×높이**

삼각형, 사각형, 정사각형, 원, 평행사변형의 면적을 계산하는 방법.

쪽지 시험

1. 다음 중 넓이를 측정하는 단위는 무엇일까?

   A. 제곱 센티미터 B. 인치 C.마일 D. 갤런

2. 한 변의 길이가 7센티미터인 정사각형의 넓이를 구해보자.

3. 밑변이 8cm이고 높이는 10cm인 삼각형의 넓이를 구해보자.

4. 반지름이 9센티미터인 원의 넓이를 구해보자.

|4.8 부피 계산하기

'부피'는 그 도형이 차지하는 공간을 측정한 것이다. 즉, 그 모양이 얼마나 길고 깊고 높은지를 뜻한다. 정육면체나 직육면체의 부피를 구하기 위해서는 밑변의 넓이를 구한 뒤, 높이를 곱해주면 된다. 대부분의 물체가 3차원이기 때문에 부피를 구하는 방법을 아는 것은 매우 중요하다.

부피는 입체 단위의 측정이며 주로 in³, ft³, cm³, 또는 m³으로 나타낸다. 이렇게 세제곱 단위가 보이면 바로 부피를 측정했다는 것으로 이해하면 된다. 정육면체는 모든 변의 길이가 같으므로 한 변의 길이를 세제곱하는 방법으로 쉽게 부피를 구할 수 있다. 예를 들어 한 변의 길이가 6센티미터인 정육면체의 부피는 6³cm³ 또는 6×6×6 = 216cm³이다.

토막 상식 고대 그리스 철학자인 아르키메데스는 오늘날 우리가 부피를 구할 때 사용하는 다양한 공식들을 발견했다. 그중 하나는 바로 구의 부피이다. 그는 물건을 욕조에 넣어서 넘친 물의 부피가 물건의 부피라는 것을 발견한 것으로 매우 잘 알려져 있다. (유레카!)

특이한 도형

부피 공식을 적용하기 어려운 특이한 도형의 부피는 도형을 물에 넣는 방법으로 쉽게 구할 수 있다.

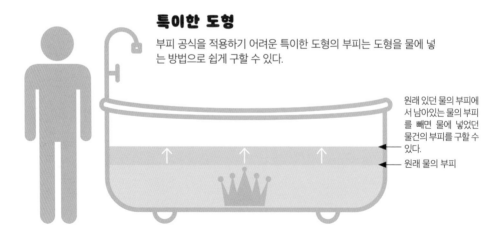

원래 있던 물의 부피에서 남아있는 물의 부피를 **빼면** 물에 넣었던 물건의 부피를 구할 수 있다.

원래 물의 부피

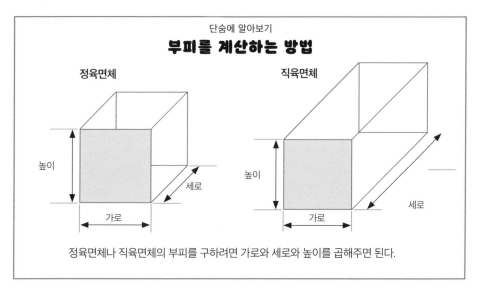

부피를 계산하는 방법

정육면체

높이
세로
가로

직육면체

높이
세로
가로

정육면체나 직육면체의 부피를 구하려면 가로와 세로와 높이를 곱해주면 된다.

직육면체의 부피는 밑변의 가로변과 세로변의 길이에 높이를 곱해서 구할 수 있다.

직육면체의 부피= 가로 × 세로 × 높이

예를 들어 가로는 8센티미터, 세로는 2센티미터, 높이는 5센티미터라면 부피는 $8×2×5= 80cm^3$이다.

원의 공식

원의 부피에는 특별한 공식을 사용해야 한다. 바로 파이(π)를 사용하는 것이다.

구의 부피= $\dfrac{4}{3} × \pi × r^3$

예를 들어 평균적인 탁구공의 반지름은 약 2센티미터이다. 탁구공의 부피를 구하려면 우선 반지름을 세제곱해준다: $2×2×2= 2^3= 8$. 그런 다음 파이(π)와 $\dfrac{4}{3}$를 곱해준다: $8×\pi×\dfrac{4}{3}= 33.51cm^3$. 탁구공의 부피는 $33.51cm^3$이다.

퀴즈

측정

1. 18:45을 12시간 기준으로 환산 하면 무엇일까?
   A. am 8:45   B. am 12:45
   C. pm 6:45   D. pm 8:45

2. 하루는 몇 초일까?
   A. 86,400   B. 3,600
   C. 100,000 D. 1,440

3. 이 중 무게를 재는 표준 단위는 무엇일까?
   A. 미터 B. 파운드
   C. 피트 D. 리터

4. 다음 중 비표준 측정 단위는 무 엇일까?
   A. 야드 B. 톤
   C. 인치 D. 발가락

5. 1야드는 몇 피트일까?
   A. 12
   B. 8
   C. 3
   D. 16

6. 64온스를 파운드로 환산해 보 자.

7. 2.78km를 미터로 환산해 보 자.

8. 혹등고래는 7,000마일을 이 동하는 것으로 기록되었고, 백 상어는 11,000킬로미터를 이 동하는 것으로 기록되었다. 둘 중 누가 더 멀리 이동했을까?
   A. 고래 B. 상어

9. 한 변의 길이가 8밀리미터인 정육면체의 부피는 얼마일까?

10. 다음의 도형의 둘레와 면적 을 구해보자.

3 cm

9 cm

b. 둘레=
   넓이=

4 m   9 m

7 m

c. 둘레=
   넓이=

8cm

d. 둘레=
   넓이=

*π 는 3.14로 계산하자.

5 m

a. 둘레=
   넓이=

4장

간단 요약

측정은 어떤 것에 그것의 크기나 양을 말해주는 숫자를 배정하는 것이다. 공통된 측정 단위를 사용해 다양한 크기와 양의 사물들을 비교할 수 있다.

- 한 주는 7일로 이루어진다. 1년은 12달로 이루어진다. 하루는 24시간으로 이루어진다. 1시간은 60분으로 이루어진다. 1분은 60초로 이루어진다.
- 하루의 시간은 24시간을 기준으로 00:00~23:59라고 할 수 있고, 아니면 12시간을 기준으로 하여 am 00:00~11:59 또는 pm을 사용해 오전 오후를 나타낼 수 있다.
- 현재 표준 측정 단위로 사용되는 계량법에는 파운드법, 미터법, SI가 있다.
- 미터법은 10, 100, 1000 단위로 사용되어 계산이 간단하므로 STEM 분야나 다양한 국제 업무에서 사용된다.
- 서로 다른 단위의 수를 계산할 때는 반드시 같은 단위로 환산해야 한다. 마찬가지로 다른 단위법의 단위를 사용하는 숫자들을 비교할 때는 한 단위법으로 환산하여 비교해야 한다.
- 둘레는 물체의 바깥을 두르는 길이를 뜻하며, 모든 변의 합이다.
- 넓이는 2차원의 단위이다. 따라서 단위 또한 in^2나 m^2처럼 제곱된다.
- 부피는 3차원의 단위로 in^3, ft^3, cm^3, m^3처럼 단위가 세제곱된다.

5

기하학

기하학은 사물의 크기, 모양, 차원, 각에 관해 다루는 수학의 한 분야이다. 이번 장에 서는 평면도형과 입체도형의 이름, 그러한 도형들을 구분하는 방법, 전개도를 만들고 사용하는 방법에 대해 배워볼 것이다. 또한 각도에 대한 규칙과 방위에 대해 배워볼 것이다.

 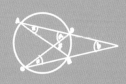

─── 이번 장에서 배우는 것 ───

∨평면도형과 입체도형   ∨대칭

∨전개도   ∨평행선과 각

∨각도   ∨방위와 지도

∨기하학 규칙

|5.1 평면도형

평면도형은 가로·세로 길이와 같은 두 개의 측정값 또는 차원을 가지기 때문에 평평하다고 할 수 있다. 수학에서 직선으로 된 평면도형은 '다각형'이라고 불린다. 정다각형은 모든 변의 길이와 각이 같은 것을 뜻하고, 불규칙 다각형은 사각형이나 부등변 삼각형처럼 서로 다른 길이와 각을 가진다.

사각형 또는 사변형은 4개의 변을 가진 도형이다. 사각형에는 여섯 가지 종류가 있다: 정사각형, 직사각형, 마름모, 평행사변형, 사다리꼴, 연꼴. 정사각형은 네 변의 길이가 같고 네 각의 크기 또한 같은 것으로, 마주 보는 변이 서로 평행하다. 각이나 변이 같은 경우 점선으로 표시한다.

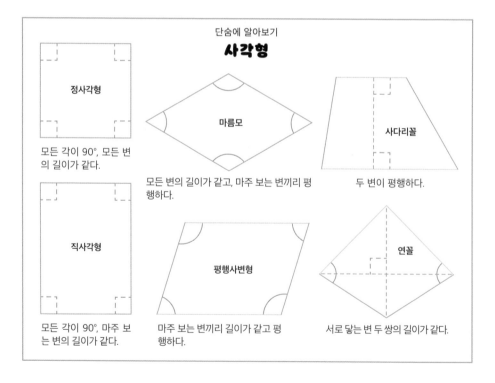

단숨에 알아보기
사각형

정사각형
모든 각이 90°, 모든 변의 길이가 같다.

마름모
모든 변의 길이가 같고, 마주 보는 변끼리 평행하다.

사다리꼴
두 변이 평행하다.

직사각형
모든 각이 90°, 마주 보는 변의 길이가 같다.

평행사변형
마주 보는 변끼리 길이가 같고 평행하다.

연꼴
서로 닿는 변 두 쌍의 길이가 같다.

직사각형은 네 변 중 두 쌍의 길이가 같고, 모든 각이 서로 같다. 마름모는 네 변의 길이가 모두 같지만, 각이 직각이 아니므로 비스듬한 정사각형처럼 보인다. 평행사변형은 네 변 중 두 쌍의 길이가 서로 같고 평행하며, 대각이 서로 같아 비스듬한 직사각형처럼 보인다. 사다리꼴은 한 쌍의 변만 서로 평행하다. 마지막으로 연꼴은 네 변 중 두 변의 길이가 서로 같지만, 평행하지는 않다.

삼각형은 이름 그대로 세 개의 각을 가진다. 삼각형에는 네 가지 종류가 있다: 정삼각형, 직각삼각형, 이등변삼각형, 부등변삼각형. 정삼각형은 서로 같은 변을 가지기 때문에 모든 변에 표시가 되어있다. 직각삼각형은 한 각의 크기가 90°이다. 이등변삼각형은 두 변의 길이가 같고, 두 각의 크기가 같다. 마지막으로 부등변삼각형은 모든 변의 길이와 모든 각의 크기가 다르다.

원은 직선이 없는 평면도형이다. 하지만 원 또한 두 개의 차원과 측정값을 가진다: 반지름과 원주. 원의 둘레는 '원주'라고 부르며, 원의 중심에서 원 위의 점까지의 길이는 '반지름'이라고 부른다. 중심을 지나 반대쪽까지의 길이는 '지름'이라고 부르는데, 지름은 반지름의 두 배이다.

다양한 삼각형

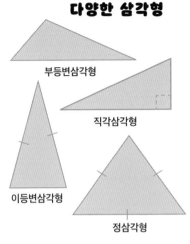

원

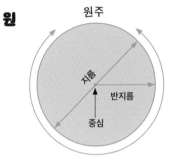

쪽지 시험

1. 다음의 모양을 그려보자.

   A. 마름모   B. 정삼각형

   C. 연꼴   D. 직각삼각형

2. 원의 둘레는 무엇이라고 부를까?

   A. 둘레   B. 원주

   C.반지름   D.지름

|5.2 입체도형

다면체란 이름 그대로 면이 여러 개인 물체를 뜻한다. '정다면체'에서는 모든 면이 서로 같은 도형으로 이루어져 있으며, 이 도형은 '정다각형'이라고 부른다. 따라서 모든 면이 서로 같다. '불규칙 다면체'는 서로 다른 면을 가지고 있으며, 입체도형을 이루는 면의 모양 또한 다를 수 있다.

다면체는 세 가지 특징에 따라 구분할 수 있다.
① 세 개 이상의 면이 만나는 꼭짓점
② 다면체의 면
③ 두 면이 만나는 모서리

다면체의 종류

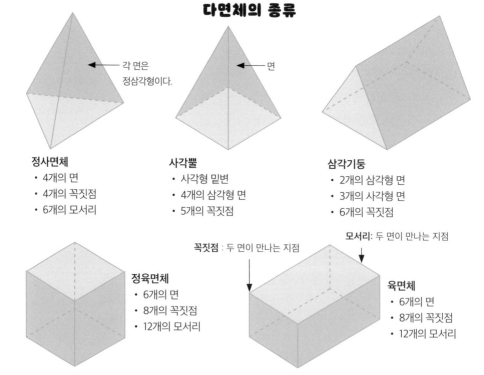

정사면체
- 4개의 면
- 4개의 꼭짓점
- 6개의 모서리

각 면은 정삼각형이다.

사각뿔
- 사각형 밑변
- 4개의 삼각형 면
- 5개의 꼭짓점

면

삼각기둥
- 2개의 삼각형 면
- 3개의 사각형 면
- 6개의 꼭짓점

정육면체
- 6개의 면
- 8개의 꼭짓점
- 12개의 모서리

꼭짓점: 두 면이 만나는 지점

모서리: 두 면이 만나는 지점

육면체
- 6개의 면
- 8개의 꼭짓점
- 12개의 모서리

원뿔과 구, 원통은 곡선으로 굽은 표면을 가지고 있으므로 엄밀하게 따지면 다면체가 아니다. 구는 단 하나의 면을 가졌으며 꼭짓점과 모서리가 없다. 원뿔은 하나의 평평한 원형 면과 한 점으로 모이는 굽은 면(여러 면이 모이는 것이 아니므로 꼭짓점이라고 할 수 없다), 그리고 모서리를 가진다. 원통은 두 개의 평평한 원형 면과 하나의 굽은 표면, 그리고 두 개의 모서리를 가진다.

다면체가 아닌 입체도형

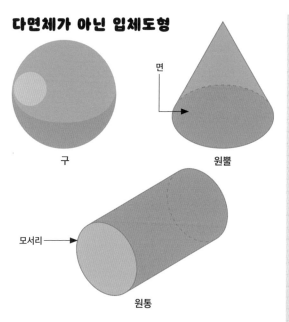

구

면 →

원뿔

모서리 →

원통

정다면체는 모든 면이 같은 도형으로 이루어져 있기 때문에 어떤 방향에서 봐도 같은 모양이다. 우리는 정다면체 중 두 가지만 알면 된다: 정육면체와 정사면체.

불규칙 다면체에서는 각 면이 서로 다른 모양을 가질 때가 많다. 불규칙 다면체에서는 세 종류를 알아두는 것이 좋다: 육면체, 삼각기둥, 사각뿔.

1. 이 중 다면체가 아닌 것은 무엇일까?

   A. 사각뿔

   B. 삼각기둥

   C. 정육면체

   D. 구

2. 정육면체에는 면이 몇 개 있을까?

   A. 6

   B. 2

   C. 4

   D. 1

3. 삼각기둥은 삼각형 면과 다른 ___ 면을 가진다. 다른 면의 모양은 무엇일까?

   A. 삼각형

   B. 원형

   C. 사각형

   D. 정사각형

|5.3 전개도

전개도는 어떤 도형을 잘라서 평평하게 만든 것이다. 전개도를 접으면 입체도형이 된다. 특정한 입체도형을 만드는 여러 가지 전개도가 존재하는데 이번에는 정육면체를 만드는 11가지 서로 다른 전개도 모양을 살펴볼 것이다.

    정육면체, 육면체, 삼각기둥, 원통, 사각기둥의 전개도를 만들거나 이것들을 더해서 더 복잡한 모양의 전개도를 만들어야 할 때도 있다. 전개도는 도형의 표면 넓이를 구할 때 유용하게 사용된다. 전개도의 각 부분의 넓이를 구한 뒤 더하면 총넓이를 구할 수 있다. 이전 페이지에서 입체도형에 대해 배운 것이 이것을 구분하는 데 도움을 줄 수 있다. 예를 들어 사각뿔은 4개의 삼각형 면과 하나의 사각형 면을 가지므로 삼각형 4개와 사각형 1개의 넓이를 구한 뒤 더하면 된다.

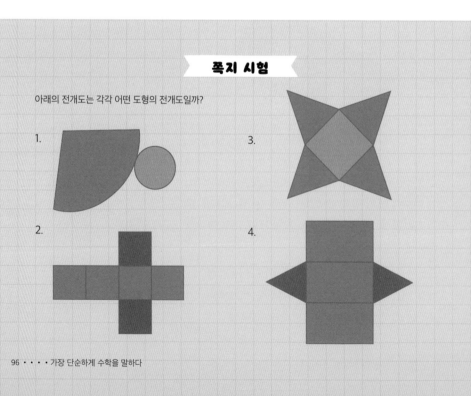

쪽지 시험

아래의 전개도는 각각 어떤 도형의 전개도일까?

1.

3.

2.

4.

일반적인 입체도형의 전개도

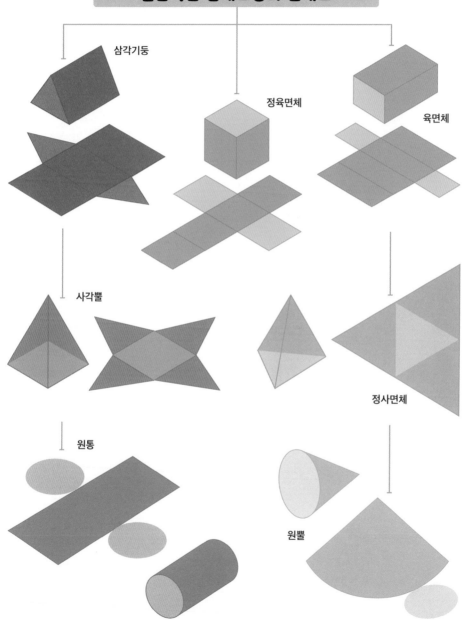

삼각기둥

정육면체

육면체

사각뿔

정사면체

원통

원뿔

|5.4 각을 측정하고 식별하는 방법

두 선이 만나는 지점에는 각이 형성된다. 이 각은 두 선 사이의 회전량을 측정한 것이다. 각도는 항상 0~360° 사이이며, 각도의 크기가 클수록 두 선 사이의 회전이 크다는 것을 의미한다. 각은 크기에 따라 예각, 직각, 둔각, 우각 등으로 불린다.

각은 두 선 사이의 회전량, 즉 한 선에서 다른 선으로 향하기 위해 그 자리에서 원을 그리며 회전하는 거리라고 생각할 수 있다. 시계방향으로 원을 그린다면 $\frac{1}{4}$ 바퀴를 돌았을 때는 오른쪽을 바라보게 되고, 절반을 돌면 반대편을 바라보게 되고, 완전히 돌면 제자리로 돌아오게 된다.

 각은 건축업이나 건설업처럼 무엇을 만들어야 하는 직업 종사자들이 많이 사용한다. 예를 들어 목수는 의자나 테이블을 만들기 위해서는 정확한 각도를 측정해야 한다.

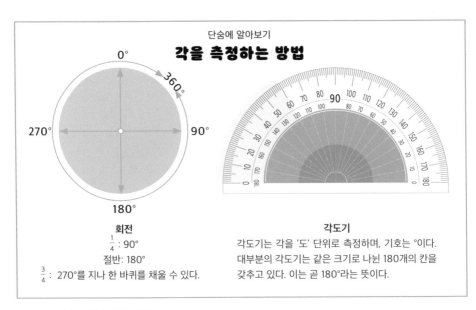

단숨에 알아보기
각을 측정하는 방법

회전
$\frac{1}{4}$: 90°
절반: 180°
$\frac{3}{4}$: 270°를 지나 한 바퀴를 채울 수 있다.

각도기
각도기는 각을 '도' 단위로 측정하며, 기호는 °이다. 대부분의 각도기는 같은 크기로 나뉜 180개의 칸을 갖고 있다. 이는 곧 180°라는 뜻이다.

각의 종류와 이름

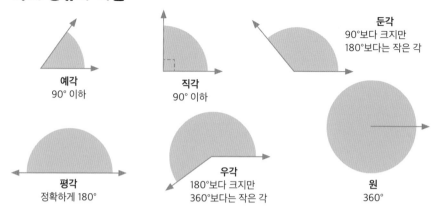

예각
90° 이하

직각
90° 이하

둔각
90°보다 크지만
180°보다는 작은 각

평각
정확하게 180°

우각
180°보다 크지만
360°보다는 작은 각

원
360°

90도 미만의 각도는 '예각'이라고 부른다. 정확히 90도 회전하는 것을 '직각'이라고 부르며, 각에 작은 정사각형을 그려서 표시한다. 각도가 90도보다 크고 180도보다 작은 경우 '둔각'이라고 부른다. 각도가 180도, 즉 절반보다 크다면 '우각'이라고 부른다.

각도기 사용

각도기를 사용해서 각을 측정하려면 먼저 측정하려는 모서리에 각도기 중앙에 있는 십(十)자 형태를 맞춰 올려두고 측정하려는 모서리의 선 중 하나와 각도기 아래의 선을 일치하게 둔다. 각도기에는 두 개의 눈금이 있는데, 하나는 왼쪽에서 오른쪽으로 올라가고, 다른 하나는 반대 방향으로 올라간다. 어느 쪽이든 상관 없이 맨 아래 선에서 시작해 모서리의 다른 선이 닿은 눈금의 숫자를 읽는다. (0°가 다른 선과 제대로 맞닿아 있는지 꼭 확인하자.)

|5.5 기하학의 규칙들

어떤 경우에는 특정한 규칙을 사용해서 각도를 계산할 수 있다. 이는 특히 물체의 비율이 맞지 않지만, 각의 크기를 알아야 할 때 유용하게 사용된다. 직선 위의 각, 한 점을 지나는 각, 삼각형의 각, 사각형의 각에 대한 규칙이 존재한다. 이 규칙들을 사용하면 한 각도만 알고 있어도 나머지 각의 크기를 알 수 있다.

직선

하나의 선 위에 있는 모든 각의 합은 $180°$ 이다. 예를 들어 한 직선 위로 다른 직선이 지나가서 두 개의 각이 만들어졌다. 하나의 각이 $102°$ 라는 것을 알고 있지만, 다른 하나의 크기는 모른다고 가정해 보자. 이 미지의 각도를 계산하려면 $180°$ 에서 알고 있는 각도($102°$)를 빼야 한다. 그 차이 값이 바로 우리가 구하려는 각도이다: 180-102 = 78. 따라서 다른 각의 크기는 $78°$ 이다.

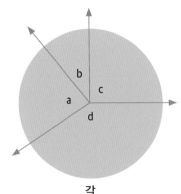

각
직선 위의 각

$$x + y + z = 180°$$

점

점 주변의 각도를 모두 더하면 $360°$ 가 된다. 세 개의 선이 한 점에서 만나면 세 개의 각이 형성된다. 한 각의 크기는 $45°$ 이고, 다른 각은 $150°$ 이며, 마지막 각은 알지 못한다고 했을 때, 모든 각을 더하면 $360°$ 라는 사실을 알면 답을 구할 수 있다: 150+45= 195 → 360-195= 165. 즉 마지막 각의 크기는 $165°$ 이다.

각
점 주변의 각

$$a + b + c + d = 360°$$

삼각형

삼각형의 각을 모두 더하면 항상 180°이다. 모든 삼각형은 세 개의 각을 가진다. 때문에 두 각의 크기를 알면 180°에서 다른 각을 빼서 구할 수 있다. 그 결과가 바로 세 번째 각의 크기이다. 예를 들어 두 각의 크기가 각각 36°와 59°인 삼각형의 경우, 180°에서 이 값을 빼 마지막 각의 크기를 얻을 수 있다: 180-36-59= 85°.

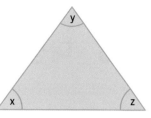

정삼각형

$$x + y + z = 180°$$

사변형

사변형의 각을 모두 더하면 항상 360°이다. 모든 사변형은 네 개의 각을 가지기 때문에 세 개의 각을 알면 이 규칙을 사용해서 나머지 한 각의 크기를 계산할 수 있다. 예를 들어 어떤 사변형에서 세 각의 크기가 88°, 123°, 96°라고 할 때, 위와 같이 360°에서 빼 마지막 각의 크기를 구할 수 있다: 360-88-123-96= 53°.

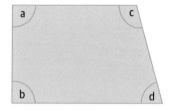

평행사변형

$$a + b + c + d = 360°$$

 토막 상식

각도는 도형의 크기와 관계없이 똑같이 유지된다. 레귤러 사이즈 피자와 라지 사이즈 피자를 각각 12조각으로 자른다고 상상해 보자. 피자의 크기는 다르지만 각 피자 조각의 각도는 모두 같다.

쪽지 시험

1. 한 점을 두르는 모든 각의 합은 몇 도일까?

   A. 100° B. 180° C. 360° D. 90°

2. 삼각형의 두 각은 각각 45°이다. 나머지 각을 구해보자.

3. 한 직선 위의 모든 각의 합은 몇 도일까?

   A. 360° B. 180° C. 90° D. 10°

4. 사각형의 세 각의 크기가 40°, 90°, 110°라고 할 때, 나머지 각의 크기를 구해보자.

|5.6 대칭선

어떤 도형의 절반이 나머지와 완벽하게 똑같거나 그 도형을 회전시켰을 때 모양이 똑같이 유지된다면 이 도형은 '대칭'이라고 볼 수 있다. 중앙을 분리하는 선을 그렸을 때 양쪽이 같으면 이 모양은 대칭이다. 일부 도형은 다른 방향에서 대칭일 수 있으므로 선을 여러 방향에서 그려보아야 한다. 그렇게 대칭을 확인할 수 있게 만드는 선을 '대칭선'이라고 부른다.

 회전대칭은 모양을 회전시켰을 때 같은 모양으로 나타나는 것을 뜻하며, 그 횟수를 '회전대칭 차수'라고 부른다.

대칭선이 있는지 확인하라는 문제에 맞닥뜨린다면 먼저 얼마나 많은 대칭선이 있는지 확인해야 하므로 표준 도형의 대칭선을 알고 있는 것이 좋다(아래의 그림 참조). 대칭선은 도형을 절반으로 나눠 거울상을 만든다는 사실을 기억하도록 하자(거울상은 두 도형이 정확하게 같다는 것을 의미한다). 예를 들어 정사각형에는 4개의 대칭선이 있으며, 대칭선에 의해 서로 같은 거울상들을 만들어낸다.

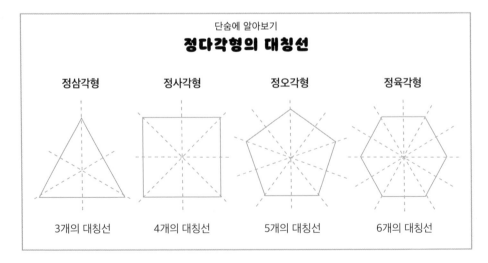

단숨에 알아보기
정다각형의 대칭선

정삼각형	정사각형	정오각형	정육각형
3개의 대칭선	4개의 대칭선	5개의 대칭선	6개의 대칭선

불규칙 다각형의 대칭선

직사각형

2개의 대칭선

평행사변형

0개의 대칭선

사다리꼴

1개의 대칭선

어떤 도형의 절반이 나머지와 완벽하게 똑같거나 그 도형을 회전시켰을 때 모양이 똑같이 유지된다면 이 도형은 대칭이라고 볼 수 있다. 중앙을 분리하는 선을 그렸을 때 양쪽이 같으면 이 모양은 대칭이다. 어떤 도형은 다른 방향에서 대칭일 수 있으므로 선을 여러 방향에서 그려보아야 한다. 그렇게 대칭을 확인할 수 있게 만드는 선을 '대칭선'이라고 부른다.

대칭선이 있는지 확인하라는 문제에 맞닥뜨린다면 먼저 얼마나 많은 대칭선이 있는지 확인해야 하므로 표준 도형의 대칭선을 알고 있는 것이 좋다. 대칭선은 도형을 절반으로 나눠 '거울상'을 만든다는 사실을 기억하도록 하자(거울상은 두 도형이 정확하게 같다는 것을 의미한다). 예를 들어 정사각형에는 4개의 대칭선이 있으며, 대칭선에 의해 서로 같은 거울상들을 만들어낸다.

|5.7 평행선의 각

선이 평행한 두 선을 지나면 특별한 각이 만들어진다. 다행히 이런 각도의 크기를 알아내는 데 도움이 되는 규칙들이 존재한다. '평행선'은 기울기가 같은 두 개 이상의 선을 뜻하며, 선 위에 화살표를 두어 식별한다. 하나의 선이 두 평행선을 위를 지나면 두 개의 다른 각도가 형성되는데, 이 둘을 더하면 180°가 된다.

평행선은 선 위에 화살표를 그려 표시한다(같은 방향을 가리키는 화살표). 다른 선이 평행선 위를 지나면 각이 생기는데, 이 각에는 세 가지 규칙이 있다.

① 맞꼭지각의 크기는 서로 같다.

② 그림에서 볼 수 있는 것처럼 동위각은 서로 같으며, 엇각도 서로 같다.

③ 다만 교각의 경우 두 각의 합이 $180°$가 된다.

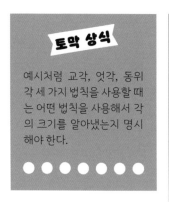

토막 상식

예시처럼 교각, 엇각, 동위각 세 가지 법칙을 사용할 때는 어떤 법칙을 사용해서 각의 크기를 알아냈는지 명시해야 한다.

● ● ● ● ● ● ● ●

동위각과 엇각과 교각

'동위각'은 두 평행선이 절단된 같은 위치에 있는 각을 말한다. 동위각의 크기는 항상 같다. '엇각'은 맞꼭지각의 반대편 평행선에 있는 동위각이

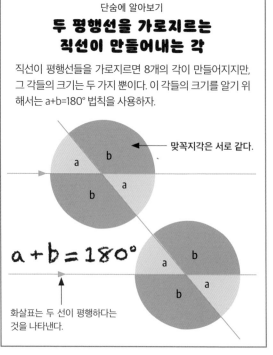

단숨에 알아보기

두 평행선을 가로지르는 직선이 만들어내는 각

직선이 평행선들을 가로지르면 8개의 각이 만들어지지만, 그 각들의 크기는 두 가지 뿐이다. 이 각들의 크기를 알기 위해서는 a+b=180° 법칙을 사용하자.

맞꼭지각은 서로 같다.

a b
b a

$$a+b=180°$$

a b
b a

화살표는 두 선이 평행하다는 것을 나타낸다.

며, 엇각 역시 크기가 항상 같다. '교각'을 더하면 항상 180°가 된다. 교각은 절단선의 같은 쪽에 있다. 앞서 배웠듯 평행선 위의 두 각 중 하나를 안다면 180°에서 그 각을 빼 다른 각의 크기를 구할 수 있다.

평행선의 각에 대한 세 가지 규칙

아래 그림에서 직선이 두 개의 평행선을 통과하는 것을 볼 수 있다. 한 각의 크기는 110°이지만, x와 y는 알 수 없다. x를 계산하려면 110°와 x가 교각이라는 것을 활용해 두 각의 합이 180°라는 것을 알 수 있고, 따라서 x= 70°이다. 110°와 y는 엇각이기 때문에 서로 크기가 같아서 y= 110°가 된다.

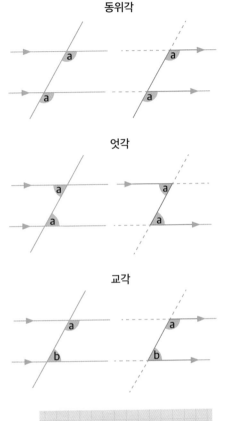

동위각

엇각

교각

평행선 각의 규칙을 사용하기

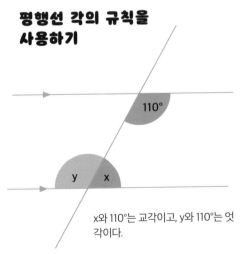

x와 110°는 교각이고, y와 110°는 엇각이다.

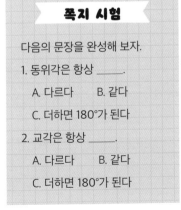

쪽지 시험

다음의 문장을 완성해 보자.

1. 동위각은 항상 ＿＿＿.

   A. 다르다   B. 같다

   C. 더하면 180°가 된다

2. 교각은 항상 ＿＿＿.

   A. 다르다   B. 같다

   C. 더하면 180°가 된다

5.8   지도와 방위각

'방위각'은 북쪽에서 측정한 각도를 뜻한다. 방위각을 측정하고 작성하는 방법에 대한 특정한 규칙이 있다. 첫째, 모든 각도는 진북(지리상 기준의 북쪽)을 기준으로 측정되어야 한다. 둘째, 진북을 기준으로 항상 시계방향으로 측정된다.

방위각은 항상 시계방향으로 측정되며, 북쪽은 $000°$라고 본다. 바다에서는 모든 방향이 같아 보일 수 있으므로 선원들에게는 위치를 효과적으로 전달하는 방법이 필요하다.

북쪽은 $000°$, 동쪽은 $090°$, 남쪽은 $180°$, 서쪽은 $270°$의 방위를 가진다(방위각은 항상 세 자리로 쓰인다). 이것을 기억할 수 있다면 답을 확인하고 시계방향으로 방위각을 측정하는 데 도움이 될 것이다. 그림에서 메이플라워와 졸리 로저 사이의 각도를 구하려면 먼저 각 배를 진북 선에 연결하는 선과 두 배를 연결하는 선을 그린다. 각도기의 $0°$이 진북 선에 오도록 둔 뒤 각을 재면 된다. 졸리 로저는 메이플라워에서 $040°$에 있다(항상 '어떤 지점으로 $040°$'가 아닌 '어떤 지점에서 $040°$'에 있다고 표현한다).

서
270°

쪽지 시험

1. 방위는 북선에서 시계방향 또는 시계 반대 방향 중 어떤 방향으로 측정될까?
2. 동쪽의 방위는 몇 도일까?

A. 000°   B. 090°

C. 180°   D. 360°

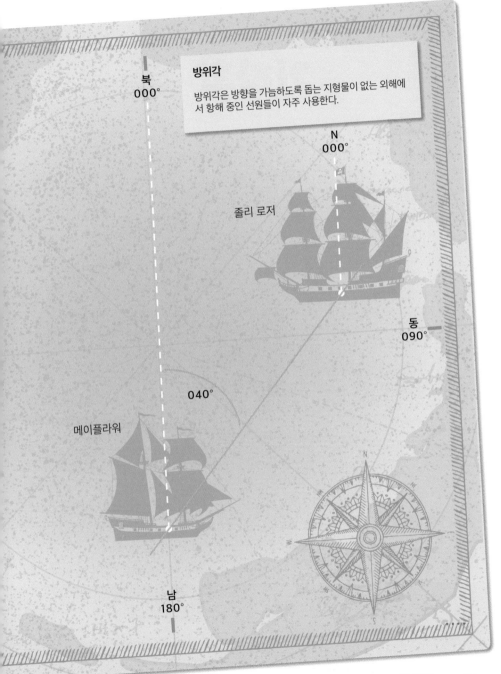

북
000°

방위각

방위각은 방향을 가늠하도록 돕는 지형물이 없는 외해에서 항해 중인 선원들이 자주 사용한다.

N
000°

졸리 로저

동
090°

040°

메이플라워

남
180°

기하학

1. 사각뿔에는 모서리가 몇 개 있을까?

A. 1   B. 2

C. 4   D. 8

2. 육면체에는 면이 몇 개 있을까?

A. 10

B. 12

C. 6

D. 8

3. 직각은 몇 도일까?

A. 90°

B. 180°

C. 270°

D. 360°

4. 한 점을 두르는 모든 각의 합은 몇 도일까?

A. 0°

B. 90°

C. 180°

D. 360°

5. 아래의 전개도를 접으면 어떤 도형이 만들어질까?

A. 정육면체

B. 원통

C. 직육면체

D. 사각뿔

6. 한 삼각형의 두 각이 85°와 72° 일 때 다른 각의 크기는 무엇일까?

A. 25°

B. 23°

C. 27°

D. 29°

7. 정사각형은 몇 개의 대칭선을 가질까?

A. 4

B. 2

C. 1

D. 0

8. 다음 중 대칭선이 없는 모양은 무엇일까?

A. 원

B. 직사각형

C. 평행사변형

D.정오각형

9. 교각의 법칙은 무엇일까?

A. 서로 같다

B. 두 각의 합은 180°이다.

10. 방위각에서 090°는 어느 방향을 뜻할까?

A. 북

B. 동

C. 남

D. 서

5장

간단 요약

기하학은 물체의 크기와 모양과 차원과 각도를 연구하는 수학의 한 분야이다.

- 평면도형은 길이와 너비 같은 두 가지 측정값 또는 차원을 가지고 있다는 점에서 평평한 모양이다. 직선으로 이루어진 평면도형을 '다각형'이라고 부른다.

- 면이 평평한 입체도형을 '다면체'라고 하며, 다면체는 세 가지 주요한 특징을 사용해 식별할 수 있다: 꼭짓점, 면, 모서리.

- 입체도형 전개도는 입체도형을 잘라서 평면도형으로 만들었을 때의 모양이다.

- 두 선이 만나는 곳에는 항상 각이 형성된다. 이것은 두 선 사이의 회전을 측정한 것이며 항상 0°와 360° 사이여야 한다.

- 직선 위의 모든 각의 합은 180°이다. 한 점을 중심으로 하는 모든 각의 합은 360°이다. 삼각형의 모든 각의 합은 항상 180°이고, 사각형의 모든 각의 합은 항상 360°이다.

- 모양에 대칭선을 그릴 수 있고 양쪽이 같으면 그 모양은 대칭이다.

- 엇각, 동위각, 맞꼭지각은 서로 같다. 하지만 교각은 서로 더했을 때 180°가 된다.

- 방위각의 기준으로 북쪽은 000°, 동쪽은 090°, 남쪽은 180°, 서쪽은 270°의 방위각을 갖는다.

6

변화율, 비, 비율

변화율, 비, 비율은 모두 한 값이 다른 값과 관련되는 방식을 설명하는 방법이다. 예를 들어 변화율은 시간에 따라 값이 어떻게 변하는지 나타내고, 비는 값이 서로 어떻게 관련되는지 나타내고, 비율은 값이 총계에 어떻게 관련되어 있는지를 나타낸다. 이 장에서는 비와 비율을 계산하는 방법과 압력-힘-면적, 속도-거리-시간, 밀도-질량-부피 관계를 계산하는 방법에 대해 배워 볼 것이다.

 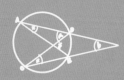

이번 장에서 배우는 것

∨ 비
∨ 비를 사용한 환산
∨ 정비례
∨ 복합 성장과 감소

∨ 백분율과 변화율
∨ 지도와 축척
∨ 밀도와 속도

|6.1   비

'비'는 두 숫자 간의 관계를 설명하는 방법이다. 서로 다른 항목의 수 또는 양을 비교하는 데 사용된다. 예를 들어 금붕어 5마리와 흰동가리 2마리가 있다면, 금붕어와 흰동가리의 비는 5:2이다.

비를 계산하거나 설명할 때는 항목이나 전체 수를 파악하고 각 종류의 수를 세는 것이 중요하다. 정원에 곤충이 12마리 있다고 가정해 보자. 그중 7마리는 파리이고, 5마리는 말벌이다. 즉 정원에 있는 곤충의 비는 파리 7마리 대 말벌 5마리, 또는 7:5이다. 두 숫자를 더하면 총 개체 수(이 경우 12)가 된다.

또한 비율을 분수로 나타내거나 콜론 기호(:)를 사용해 적을 수도 있다. 콜론을 사용할 때는 읽는 순서에 유의해야 한다. 아래의 금붕어 관련 예시에서 숫자를 2:5로 바꾼다면 금붕어 2마리와 흰동가리 5마리가 있다는 의미로 바뀌어 틀린 정보가 된다.

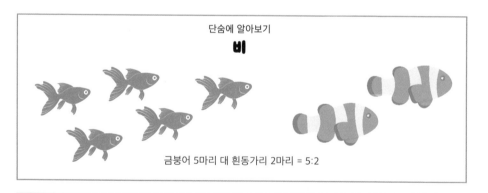

단숨에 알아보기
비

금붕어 5마리 대 흰동가리 2마리 = 5:2

토막 상식 분수와 마찬가지로 비 또한 약분하는 것이 좋다. 비를 약분하는 것 역시 두 수의 공약수를 찾아서 나눠주는 방법으로 진행된다. 예를 들어 3:12는 1:4로 약분할 수 있다.

비를 사용해 문제 해결하기

때로는 문제를 해결하기 위해 비를 사용한다. 개가 재주를 부릴 때마다 간식을 3개씩 준다고 가정해 보자. 재주를 6번 부리면 간식을 몇 개 줘야 할까? 간식 대 재주의 비가 1:3이라는 것을 기억하자. 따라서 6번 재주를 부리면 비 양쪽에 똑같이 6을 곱해 줘야 한다. 1:3에 각각 6을 곱해주면 6:18, 즉 18개의 간식을 줘야 한다는 사실을 알 수 있다.

물건을 나눌 때 비를 사용할 수도 있다. 에밀리와 에드워드는 초콜릿을 3:4 비율로 나누려고 한다. 즉 에밀리가 초콜릿을 3개 받을 때 에드워드는 4개를 받는다. 초콜릿이 총 35개 있을 때 에밀리가 받는 초콜릿의 개수를 알고 싶다면 어떻게 해야 할까? 우선 비율에서 두 숫자의 합을 구한다: 3+4= 7. 그런 다음 전체 초콜릿 개수를 두 숫자의 합으로 나눈다: 35÷7= 5. 즉 초콜릿 7개씩 5번 나눌 수 있다는 것을 뜻한다. 따라서 에밀리는 3×5= 15개를 받고, 에드워드는 4×5= 20개를 받는다.

나누어 먹기

초콜릿 15개

초콜릿 20개

에밀리는 초콜릿 3개를 받고 에드워드는 4개를 받을 때의 비율은 3:4이다.

6.2 비를 사용해 환산하기

비를 사용하면 두 숫자의 관계를 유지하면서 숫자를 늘리거나 줄일 수 있다. 일반적으로는 거리나 요리 레시피에 많이 사용된다. 비를 사용하면 각 재료의 상대적 비율을 알 수 있다. 예를 들어서 재료 1의 양을 늘리고 싶다면 다른 재료의 양 또한 정확한 비율에 맞춰서 늘려야 한다. 비를 변환할 때는 항상 곱하거나 나누어야 한다는 점을 명시하자. 절대로 숫자를 더하거나 빼서는 안 된다.

계량된 레시피가 있지만, 더 많이 하거나 적게 하고 싶은 경우에는 레시피의 비를 조절할 수 있다.

예를 들어 팬케이크 10개를 만들기 위해서는 밀가루 1컵, 설탕 2테이블스푼, 우유 1컵, 달걀 1개가 필요하다. 팬케이크 10개 기준 밀가루:설탕:우유:달걀의 비율은 1:2:1:1이다. 만약 팬케이크를 5개만 만들고 싶다면 어떻게 해야 할까? 우선 주어진 재료로 팬케이크를 몇개나 만들 수 있는지 살펴보고, 우리가 만들고 싶은 양과 비교해 본다. 이 경우에는 10 : 5 비율인데 10을 2로 나누면 5가 된다. 때문에 모든 재료를 2로 나누면 된다: $1:2:1:1 \rightarrow \frac{1}{2}:1:\frac{1}{2}:\frac{1}{2}$. 따라서 밀가루 $\frac{1}{2}$컵, 설탕 1테이블스푼, 우유 $\frac{1}{2}$컵, 달걀 $\frac{1}{2}$개를 사용하면 된다.

비율 확장

양을 늘릴 때도 줄일 때와 같은 과정을 거친다. 예를 들어 팬케이크 40개를 만들고 가정해 보자. 다시 한번 우리가 만들 양과 정량 사이의 관계를 살펴보자. 이때의 비율은 10:40이다. 10에 4를 곱하면 40이 되니 모든 재료에 4를 곱하면 답을 구할 수 있다: 4:8:4:4. 또 다른 예시로 달걀이 3개 있을 때, 이것을 모두 사용해서 팬케이크를 만들 때 설탕이 얼마나 필요한지 알아 보자. 원래 비율은 달걀을 하나 사용하는 것이므로 모든 재료의 양에 3을 곱한다: 3:6:3:3. 따라서 설탕은 6테이블스푼 필요하다.

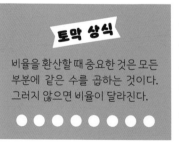

토막 상식

비율을 환산할 때 중요한 것은 모든 부분에 같은 수를 곱하는 것이다. 그러지 않으면 비율이 달라진다.

단숨에 알아보기
팬케이크

팬케이크를 10개 만들 때의 준비물

· 밀가루 1컵

· 설탕 2테이블스푼

· 우유 1컵

· 달걀 1개

팬케이크 5개
재료를 2로 나누어 준다.

팬케이크 10개

팬케이크 40개
재료를 4배로 곱해준다.

재료의 비율이 증가하거나 감소할 때는 만드는 양의 비율을 사용해 곱하거나 나누어 주면 된다.

쪽지 시험

1. 어떤 깃발의 높이와 가로의 비율은 2:3이다(가로는 3센티미터, 세로는 2센티미터). 만약 이 깃발의 세로가 10센티미터라면 가로는 몇 센티미터여야 할까?

2. 기존의 팬케이크 레시피를 사용해서 20개를 만드는 데 필요한 재료의 비율을 구해보자.

|6.3 정비례

비율은 금액이 어떻게 서로 연관되어 있는지 설명하는 데에도 사용된다. 정비례하는
관계는 한 값이 증가하면 다른 값도 같이 증가하고, 한 값이 감소하면 다른 값도 감소
한다. 두 값을 그래프에 표시했을 때 원점(그래프의 모서리)을 통과하는 직선이 된다
면 정비례한다고 할 수 있다.

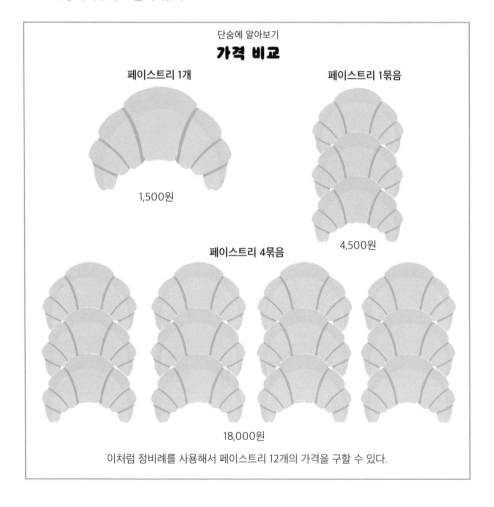

단숨에 알아보기
가격 비교

페이스트리 1개

페이스트리 1묶음

1,500원

4,500원

페이스트리 4묶음

18,000원

이처럼 정비례를 사용해서 페이스트리 12개의 가격을 구할 수 있다.

"하나로 나눈 다음 필요한 만큼 곱한다"라는 규칙을 기억하면 정비례를 사용해 문제를 쉽게 풀 수 있다.

예를 들어 어떤 자동차 공장은 매주 93,800대의 자동차를 만든다. 그렇다면 이틀 동안에는 몇 대의 자동차를 생산할까? 먼저 총 생산량을 7로 나누어 하루에 자동차가 몇 대나 생산되는지 살펴보자: $93,800 \div 7 = 13,400$. 그런 다음 이틀 동안 생산된 자동차 수를 구하기 위해 2를 곱해준다: $13,400 \times 2 = 26,800$. 따라서 이틀 동안에는 26,800대의 자동차가 생산된다.

비용에 적용

식품은 보통 묶음 판매되기 때문에 정비례를 사용해 단품의 가격을 파악한 다음 총 개수를 곱해서 가격을 이해할 수 있다. 예를 들어 페이스트리 3개를 묶은 한 팩의 가격은 4,500원이다. 그렇다면 12개의 가격은 얼마일까? 우선 페이스트리 1개의 가격을 구해보자: $4,500 \div 3 = 1,500$원. 그런 다음 우리가 알고 싶은 페스트리의 수를 곱해준다. $1,500 \times 12 = 18,000$원.

정비례를 나타내는 기호는 $\propto$이다. A가 B에 정비례한다면 $A \propto B$라고 쓸 수 있다. 위의 예시에서는 페이스트리 3개 $\propto$ 4,500원이다. 3으로 나누어 보면 다음에는 페이스트리 하나의 가격 = 1,500원이다. 이 비율을 사용해 다양한 수의 페이스트리 묶음 가격을 구할 수 있다.

6.4 복합 증가와 복합 감소

'복리이자'란 원금에 이자가 더해지고, 이 금액에 또 이자가 붙는 것이다. 실생활에서 복리를 경험했을 테니 이미 복합 증가와 감소를 접했을 가능성이 크다. 이자는 일반적으로 일 년에 한 번, 또는 한 달에 한 번 원금에 추가되는 금액이다. 추가된 금액 또는 이자는 원금 기준의 백분율로 계산된다.

은행 계좌를 만들 때나 주택을 구매할 때는 복합 증가를 이해해야만 가장 좋은 조건으로 거래할 수 있다. 예를 들어 모건은 은행 계좌에 100달러를 가지고 있다. 은행은 매년 총액에 5%만큼의 이자를 추가한다. $100의 5%는 $5이기 때문에 첫해에 은행은 $5를 지급했다. 따라서 모건의 계좌 총액은 $105이다. 다음 해에 은행은 새로운 총 잔액 $105에 5%를 추가한다. $105의 5%는 $5.25이다. 이제 총액은 $110.25이다. 이것이 계속되고, 은행은 매년 새로운 잔액의 5%를 지급한다.

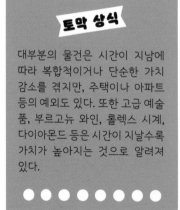

토막 상식

대부분의 물건은 시간이 지남에 따라 복합적이거나 단순한 가치 감소를 겪지만, 주택이나 아파트 등의 예외도 있다. 또한 고급 예술품, 부르고뉴 와인, 롤렉스 시계, 다이아몬드 등은 시간이 지날수록 가치가 높아지는 것으로 알려져 있다.

단숨에 알아보기

증가와 감소

복합 증가는 집 가격에 적용될 수 있고, 복합 감소는 차의 가치가 감소하는 것에 적용된다.

감가상각 시간이 흐르고 물건을 사용하면서 가치가 떨어지는 것

복합 감소에서는 숫자가 줄어든다. 새 차를 산 뒤에는 점차 가치가 감소하는 경우가 많다. 코넬리아는 3,000만 원을 주고 새 차를 구매했다. 그녀가 차를 소유한 첫해에는 가치가 10% 감소하고, 그 이후에는 매년 5%씩 감소한다. 첫해가 지나고 가치가 10%, 즉 300만 원 감소했으므로 현재 가치는 2,700만 원이다. 이제부터 매년 새 가치의 5%가 하락하게 된다. 두 번째 해가 지나면 2,700만 원의 5%인 135만 원이 감소하여 2,565만 원이 된다. 다음 해가 지나면 2,565만 원의 5%인 128.25만 원(1,282,500원) 감소하여 2436.75만 원(24,367,500원)이 된다.

쪽지 시험

1. 50,000,000원인 집의 가치가 매년 5%씩 증가한다고 할 때, 2년 후의 가격은 얼마일까?

2. 샐리는 새 휴대폰을 700,000원에 구매했다. 그런데 휴대폰의 가치는 매년 50% 감소한다고 한다. 3년이 지난 후 휴대폰의 가치는 얼마일까?

집
매년 2%씩 증가

1년 차= 200,000
2년 차= 204,000
3년 차= 208,080
4년 차= 212,241

자동차
첫해 50% 감소
이후 매년 10% 감소

1년 차= 50,000
2년 차= 25,000
3년 차= 22,500
4년 차= 20,250

6.5 압력, 힘, 면적

압력은 주어진 면적에 얼마나 많은 힘이 가해지는지 측정한 것이다. 압력을 구하는 공식은 압력=$\frac{힘}{압력}$ 이다. 큰 힘은 큰 압력으로 이어지지만, 면적이 커지면 압력은 낮아진다. 압력은 힘에 정비례하고 면적에 반비례한다(하나가 증가하면 다른 하나는 감소하는 관계). 압력의 단위는 파스칼(Pa)인데 1Pa은 1제곱미터에 1뉴턴(N)만큼의 힘을 가한 것을 뜻한다. 또한 압력은 제곱인치당 파운드(psi)로도 측정된다.

힘과 압력은 같지 않다. 힘은 밀기 또는 당기기와 같이 다른 물체와 상호 작용하거나 또는 충격을 가하는 것이며 뉴턴 단위로 측정된다. 압력은 그 힘이 영향을 미치는 영역에 느껴지는 정도를 측정한 것이다. 예를 들어 눈 위에서 신도록 만들어진 신발은 일반 신발보다 표면적이 넓으므로 더 넓은 면적에 힘을 가하여 더 적은 압력을 만들어낸다. 따라서 착용자의 발이 눈 속으로 덜 가라앉도록 할 수 있다.

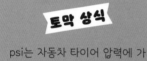

psi는 자동차 타이어 압력에 가장 일반적으로 사용되는 단위이다. 제조업체들은 자동차 스티커에 권장 타이어 압력을 적어 두는데, 자동차에 몇 명이 탑승하는지, 또는 짐이 얼마나 실려 있는지에 따라 다르지만, 일반적인 타이어의 권장 압력은 30~35psi이다.

공식 적용하기

압력의 공식은 다음과 같다.

$$압력(P) = \frac{힘(F)}{면적(A)}$$

힘은 뉴턴(N) 단위로 측정되고, 면적은 m²이다. 때문에 압력을 측정하는 단위 파스칼(Pa)은 곧 N/m²이다. 예를 들어 33N의 힘이 11m²에 영향을 미치면 힘을 면적으로 나누면 된다: 33÷11= 3 N/m² 또는 3 Pa. 힘이 파운드(무게)으로 측정되고 면적이 in²인 경우, 압력의 단위는 lb/in²이다(psi=lb/in²). 예를 들어 20lb의 힘이 5in²에 영향을 미친다면 힘을 면적으로 나눈다: 20÷5= 4. 따라서 압력은 4psi이다.

압력과 면적이 있는 경우 방정식을 재정렬하거나 그림에 표시된 삼각형을 사용해서 적용되는 힘을 계산할 수 있다. 힘을 구할 때는 삼각형에서 힘(F)을 가려보자. 압력과 면적이 남으므로 압력×면적이다. 면적을 구할 때는 삼각형에서 면적(A)을 가려서 힘÷압력을 계산하면 된다.

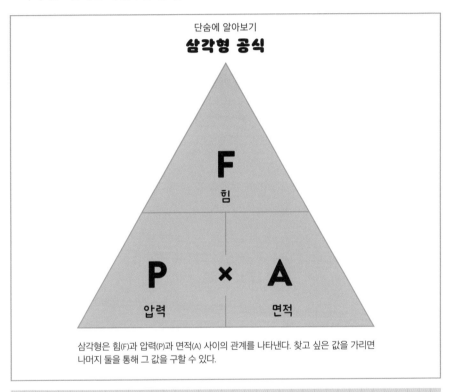

단숨에 알아보기
삼각형 공식

F
힘

P × **A**
압력   면적

삼각형은 힘(F)과 압력(P)과 면적(A) 사이의 관계를 나타낸다. 찾고 싶은 값을 가리면 나머지 둘을 통해 그 값을 구할 수 있다.

쪽지 시험

1. 30N의 힘이 4㎡에 가해졌다면, 가해진 압력은 얼마일까?

2. 250lb의 힘이 5in²의 면적에 가해졌다면 압력은 얼마일까?

3. 8N의 힘이 가해지고, 4Pa의 압력이 만들어졌다면 적용된 면적은 얼마일까?

4. 힘이 가해지는 면적이 10in²이고, 압력은 3.5psi라면 가해진 힘은 얼마일까?

|6.6 백분율의 변화율

총액의 백분율 또는 일부를 기준으로 수가 증가할 수도 있고, 감소할 수도 있다. 백분율을 사용해서 계산하려면 백분율을 배수로 변환하고 원래 수에 곱하면 된다. 이번 장에서는 백분율을 소수로 변환하는 이전 학습주제를 활용할 것이다.

단숨에 알아보기
가치가 증가하는 것

66%가 증가했다는 것은 기존의 가치에
1.66(원래 가치의 166%이므로)을 곱해주어야 한다는 것을 뜻한다.

빈티지 코트의 가치가
66% 증가했다.

기존 가격
= $200

새로운 가격
= $322

백분율 변화를 계산하는 가장 빠른 방법은 배수를 곱하는 것이다. 그렇게 하려면 퍼센트를 소수로 변경해야 하는데, 이것이 바로 배수가 된다. 퍼센트가 증가 또는 감소하는 경우 100%를 추가하면 된다(원래 값을 기준으로 변하기 때문이다). 그런 다음 소수로 변환한다. 73% 증가했다면 100%를 더해서 173%라는 값을 구한 뒤 소수로 만들면 1.73이 된다. 이후 배수를 원래 숫자에 곱해준다.

밥은 200달러에 빈티지 코트를 구매했다. 세월이 흐르면서 이 빈티지 코트의 가치가 66% 올랐다. 배수를 계산하려면 100%를 더하여 166%를 구한 다음, 100으로 나누어서 1.66을 구한다. 200×1.66= $322. 밥의 빈티지 코트는 이제 322달러의 가치를 가진다.

손실 계산하기

백분율로 손실이나 감소를 나타내는 경우, 100%에서 손실을 뺀 뒤, 100으로 나누어 소수를 구한다. 그런 다음 원래 숫자에 소수를 곱한다. 예를 들어 제이든은 초콜릿을 180개 가지고 있었고, 어제 그중 20%를 먹었다. 이제 몇 개가 남았을까? 숫자가 감소한 것이기 때문에 100%에서 20%를 빼 80%를 얻는다. 이제 80%를 100으로 나누어 0.80을 구한다. 마지막으로 원래 숫자에 곱한다: 180×0.8= 144개.

쪽지 시험

1. 50% 증가를 소수로 나타내 보자.
   A. 0.05 B. 0.50 C. 0.15 D. 1.50
2. 39% 감소를 소수로 나타내 보자.
   A. 0.39 B. 3.90 C. 0.61 D. 1.61
3. 어제는 유칼립투스 나무에 10송이의 꽃이 피었고, 오늘은 핀 꽃의 개수가 20%가 증가했다.
   a. 오늘 핀 꽃의 개수를 구할 때 사용하는 소수는 얼마일까?
   b. 오늘 꽃이 몇 송이 피었을까?
4. 어떤 가정은 지난주에 20L의 쓰레기를 버렸는데 이번 주에는 그보다 15% 감소했다고 한다.

6.7 지도와 축척

지도는 실제 세계를 축소한 것이다. 실물 크기 지도는 있을 수도 없고 실용적이지도 않다. 때문에 지도는 가장 적합한 크기의 축척을 사용한다. 예를 들어 미국 전체 지도는 1인치= 300마일의 축척을 사용한다. 이 지도에는 1인치가 실제 거리 300마일을 나타내지만, 다른 지도에서는 1인치가 곧 800피트일 수도 있다. 지도는 단어를 통해 축척을 표시한다. 예를 들어 1인치= 300마일 또는 거리로 표시된 눈금자 선을 사용한다. 이후 지도의 선을 측정해서 실제 거리를 알 수 있다.

거리 계산하기

지도는 이동한 경로를 기록할 때나 거리를 계산할 때 등 여러 상황에 유용하게 사용된다.

비스마르크

미국지빠귀
노스다코타주 비스마르크에서
애리조나주 피닉스까지 이동한
미국지빠귀의 경로

피닉스

1. 1인치= 300마일 축척을 사용하는 지도에서 1,200마일 여정을 표시하려면 몇 인치로 그려 야 할까?

2. 1인치= 7야드 축척을 사용하는 지도에서 49야드만큼 떨어진 것을 지도에 몇 인치로 그려 야 할까?

3. 1센티미터= 2킬로미터 축척을 사용하는 지도에 5센티미터로 표시된 경로가 있다. 이 경로 의 실제거리는 몇 킬로미터일까?

축척
1인치= 300마일

1 인치

리치몬드

루비목벌새
플로리다주 탤러해시에서 버지니아주
리치몬드로의 여정의 경로

탤러해시

미국지빠귀는 매년 노스다코타 주 비스마르크를 떠나 애리조나 주 피닉스로 1,000마일이 조금 넘 는 여정을 떠나 겨울을 지낸다. 이 여정의 규모를 이해하기 위해 지 도에 경로를 표시했다. 이 지도에 서 1인치= 300마일이며, 한 칸이 1 인치를 뜻한다. 표시된 여정은 약 3.3인치이다. 루비목벌새는 겨울 에 플로리다주의 탤러해시를 떠 나 봄에 버지니아주의 리치몬드 에 도착하는 여정을 거치는데, 이 여정의 거리는 약 600마일이므로 지도에서는 약 2인치이다.

6.8 밀도와 속도

밀도와 속도는 모두 비례에 관한 측정이다. 밀도는 질량을 부피로 나누어 구하기 때문에 질량에 정비례하고 부피에 반비례한다. 속도는 시간당 마일 또는 초당 미터처럼 단위 시간당 이동한 거리를 뜻한다. 따라서 속도는 거리에 정비례하고 시간에 반비례한다.

지구에서 가장 밀도가 높은 물질은 23g/cm³인 금속 원소 오스뮴이다. 가장 밀도가 낮은 물질은 에어로그라파이트(Aerographite)로, 비교를 위해 밀도를 적자면 0.2mg/cm³ 또는 0.0002g/cm³에 해당한다.

$$밀도(D) = \frac{질량(M)}{부피(V)}$$

수식 삼각형을 사용하는 방법은 찾고자 하는 것을 가리고, 남은 것에 값을 대입하는 것이다. 예를 들어 부피를 찾으려면 부피(V)를 가리고 밀도(D) 분의 질량(M)을 구하면 된다. 즉 부피는 질량을 밀도로 나눈 것이다.

밀도의 단위는 사용되는 질량과 부피의 단위에 따라 다르다. 파운드와 세제곱인치를 사용하는 경우, 입방 피트(ft³)당 파운드가 된다. 부피를 cm³으로 측정할 경우, g/cm³이 된다. 밀도가 높을수록 크기에 비해 무겁게 느껴진다.

어니스트가 수집한 돌의 부피는 15세제곱 인치이고 질량은 30파운드이다. 이 돌의 밀도는 얼마일까? 기억해 보자. 밀도는 질량을 부피로 나눈 값이다. 때문에 돌의 밀도는 $\frac{30}{15}$ = 2 lb/in³이다.

$$속도(S) = \frac{거리(D)}{시간(T)}$$

마찬가지로 이 수식에 대한 수식 삼각형도 만들 수 있다. 거리를 찾으려면 삼각형

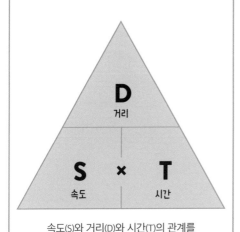

단숨에 알아보기
수식 삼각형

밀도(D)와 질량(M)과
부피(V)의 관계를 나타내는 삼각형

속도(S)와 거리(D)와 시간(T)의 관계를
나타내는 삼각형

쪽지 시험

1. 물체의 무게가 230파운드이고 부피가 20세제곱 피트라면 밀도는 몇일까?
2. 금의 밀도가 20g/cm³이고 금괴의 부피가 20cm³이면 금괴의 질량은 얼마일까?
3. 버스가 60mi/hr로 3시간을 달렸다면 몇 마일을 이동한 것일까?
4. 스핑크스 나방은 14분 동안 7마일을 날아갈 수 있다고 한다. 이 나방의 속도를 구해보자.

에서 거리(D)를 가리고 속도×시간을 구하면 된다. 거리를 km로, 시간은 시(hour)로 측정하면 단위는 km/hr이다. 거리를 마일(mile)로, 시간은 시로 측정하면 mi/hr이다.

메이는 86마일 떨어진 곳에 사는 아들을 만나기 위해 2시간 동안 운전했다. 그녀가 운전한 속도를 계산하려면 거리를 시간으로 나누면 된다: 86÷2= 43. 즉 속도는 43mi/hr이다.

퀴즈

변화율, 비, 비율

1. 50권의 비소설 책과 42권의 소설이 있다면 비소설 대 소설의 비율은 몇일까?
   A. 25:21
   B. 100:50
   C. 92:51
   D. 92:42

2. 드레스의 흰색 스팽글과 검은색 스팽글의 비율은 4:5이다. 흰색 스팽글이 100개 있다면 검은색 스팽글은 몇 개 있을까?
   A. 40
   B. 50
   C. 100
   D. 125

3. 키위의 가격은 구매한 개수에 정비례한다. 키위 8개가 8.88 달러라면 키위 20개는 얼마일까?
   A. 16달러
   B. 20달러

   C. 22달러
   D. 30달러

4. 루시는 집을 구매할 때 1억 원을 지급했다. 매년 집의 가격이 5%씩 증가한다면 2년 후 이 집의 가치는 얼마일까?
   A. 110,000,000원
   B. 110,250,000원
   C. 100,000,000원
   D. 115,762,500원

5. 조지는 새 컴퓨터를 500달러에 샀지만 매년 가치가 20%씩 떨어진다. 3년 뒤의 컴퓨터의 가치는 얼마일까?
   A. 200달러
   B. 450달러
   C. 412달러
   D. 256달러

6. 6m²의 표면에 72N의 힘을 가했다. 표면에 가해지는 압력

을 계산해 보자.
   A. 12Pa   B. 72Pa
   C. 10Pa   D. 6Pa

7. 250개의 잎을 가진 나무가 겨울 동안 잎의 42%를 잃었다.
   a. 42% 감소를 배수로 표현해 보자.
   b. 겨울이 끝나면 몇 개의 잎이 남았을까?

8. 얼음 조각의 무게가 9파운드이고 부피는 3in³일 때, 밀도는 얼마일까?

9. 다음의 삼각형에 속도와 거리와 시간을 알맞게 채워보자.

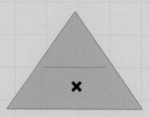

6장

간단 요약

변화율과 비와 비율은 한 값이 다른 값과 관련되는 방식을 설명하는 방법이다. 변화율은 시간에 따라 값이 어떻게 변하는지 나타내고, 비는 값이 서로 어떻게 관련되는지 나타내고, 비율은 값이 결과에 어떻게 관련되는지를 나타낸다.

- 비는 두 수 간의 관계를 설명하는 방법이다. 항목이 서로 다른 수량으로 나누어지거나 여러 그룹에 다른 수가 배정될 때처럼 둘 이상의 수를 비교하는 데 사용된다.
- 예를 들어 각 성분의 상대적인 비율이 있을 때 한 성분의 양을 늘리려면 다른 성분도 적절한 비에 따라 늘려야 한다.
- "하나로 나눈 뒤 필요한 만큼 곱한다"라는 규칙을 기억한다면 비율을 사용해 문제를 해결할 수 있다.
- 복리이자는 증가율이 새로운 잔액에 계속 적용되기 때문에 단리이자와는 다르다.
- 압력은 힘에 정비례하고, 면적에 반비례한다. 압력= $\dfrac{\text{힘}}{\text{압력}}$
- 백분율 변화는 원래 금액의 백분율 또는 일부를 기준으로 숫자가 변하는 것을 뜻한다.
- 지도의 축척은 글로 표시되거나 그림으로 나타내어진다. 예를 들어 1인치= 300마일이라고 적혀 있거나 길이를 표시한 눈금을 보고 거리를 계산할 수 있다.
- 밀도= $\dfrac{\text{질량}}{\text{부피}}$ 이고, 속도= $\dfrac{\text{거리}}{\text{시간}}$ 이다.

7

대수학
: 숫자 이상의 수학

대수학은 숫자 대신 기호와 문자를 사용해 공식과 방정식, 다항식을 만드는 것이다. 이번 장에서는 대수학을 문제 해결에 사용하는 방법과 공식을 만드는 방법, 괄호 안의 수를 인수분해하고 곱하는 방법, 수열의 패턴을 설명하는 방법에 대하여 배워볼 것이다.

이번 장에서 배우는 것

∨다양한 수학 기호

∨방정식과 다항식

∨항을 간소화하기

∨괄호 열기

∨인수분해

∨방정식을 활용해
패턴과 수열 문제 풀기

7.1 기호 사용하기

수학에 항상 숫자만 쓰이는 것은 아니다. 문자와 기호는 오랫동안 수학의 일부였다. 숫자 대신에 기호를 사용하는 '대수학'은 일반적으로 두 가지 방법으로 적용된다. ① 미지수의 답을 알아낼 때 ②서로 다른 것들의 관계를 설명하는 방정식.

때때로 어떤 것의 값을 알지 못하지만, 그것에 관한 정보는 가지고 있을 때가 있다. 예를 들어 닭장 안에 달걀이 몇 개 있었는데 거기에 달걀 10개를 더해 총 25개가 되었다. 이때 원래 닭장 안에 있던 달걀의 개수를 구하고자 한다면, 우선 구하고자 하는 수, 즉 기존 달걀 개수에 문자나 기호를 배정하는 것부터 시작하자. 만약 기존 달걀의 개수를 X라고 하면 X+10= 25라는 방정식을 만들 수 있다.

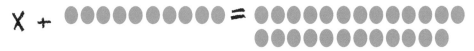

X를 풀기 위해서는 10을 더했을 때 25가 되는 수가 무엇인지 알아내야 한다.

$$X = 25 - 10$$

총 25개의 달걀이 있는데 그중 10개를 뺀다면?

따라서 X= 15이며, 즉 15개의 달걀이 닭장에 있었다는 것을 알 수 있다.

쪽지 시험

1. X +11=33에서 X 의 값은 무엇일까?

    A. 33   B. 11   C. 20   D. 22

2. 5Y =60에서 Y 의 값은 무엇일까?

    A. 5   B. 12   C. 13   D. 6

3. 정원에 축구공과 테니스공이 있다. 공은 총 11개이며, F는 축구공의 개수, T는 테니스공의 개수이다. 다음 중 옳은 방정식은 무엇일까?

    A. F +T= 11   B. F -T= 11

    C. FT= 11   D. F +11= T

조금 더 복잡한 예를 살펴보자. 64개의 딸기를 8개의 상자에 나눠 담았다. 모든 상자에 같은 양을 담았다. 우리가 구하려고 하는 값은 각 상자에 담긴 딸기의 개수이다. 이번에도 우선 미지의 숫자에 문자를 배정한다. 상자 안에 담긴 딸기의 개수를 Y라고 하자. 우리는 8개의 상자에 각각 Y개의 딸기가 담겨있고, 총 64개의 딸기가 있다는 것을 알고 있다. 따라서 방정식은 8×Y= 64이다. 대수학을 사용할 때는 문자와 숫자 사이에 곱셈 기호를 사용하지 않기 때문에 8Y= 64라고 적을 수 있다. 이제 Y를 구하려면 8을 곱했을 때 64가 되는 수를 찾으면 된다.

$$8 \times Y = 64 \text{ 또는 } 8Y = 64$$
$$Y = 64 \div 8 \qquad Y = 8$$

따라서 각 상자에는 딸기가 8개씩 들어있다.

대수학은 관계가 고정된 방정식에서 자주 사용된다. 즉 비교 가능한 관계를 유지한다면 숫자가 바뀔 수 있다. 가장 일반적으로는 X와 Y를 기호로 사용하지만, 다른 문자나 기호가 사용될 수도 있다. 다음의 예를 보면 더욱 쉽게 이해할 수 있다.

핀리는 매년 파티에 총 20개의 샌드위치를 준비한다. 종류는 참치 샌드위치와 오이 샌드위치이며 매년 각각의 개수는 달라져도 총합은 항상 20개로 같다. 우선 알지 못하는 숫자에 기호를 배정하자. 참치 샌드위치는 T, 오이 샌드위치는 C이다. 둘을 더하면 20이 되니 아래와 같은 방정식을 만들 수 있다.

$$T + C = 20$$

만약 T와 C 중 한 값을 알게 되면 위의 공식에 대입해 다른 값을 알아낼 수 있다. 예를 들어 참치 샌드위치를 13개 준비했다면 T에 13을 대입해 본다.

$$13 + C = 20$$

이제 방정식을 풀어 C를 구할 수 있다.

$$C = 20 - 13 = 7$$

7.2 공식 만들고 사용하기

자주 사용하는 계산이 있다면 공식을 만들어 사용하는 것이 유용하다. 공식에는 면적과 부피를 찾는 공식, 단위를 환산하는 공식 등 많은 종류가 있다. 공식을 만들고 사용하는 방법을 아는 것은 매우 중요하다. 예를 들어 전기 기사들은 일을 끝낸 뒤 출장요금과 작업 시간당 요금을 청구하는데, 만약 요금에 대한 공식이 있다면 계산을 훨씬 빨리할 수 있다.

문자나 기호를 사용하면 다양한 규칙을 방정식으로 작성할 수 있다. 대수 또는 문자 공식을 만드는 첫 번째 단계는 계산하고자 하는 것을 정리한 뒤, 구하려는 값을 기호나 문자로 바꾸는 것이다. 예를 들어 핫도그의 가격과 구매한 핫도그의 개수를 사용해 총금액을 공식화할 수 있다.

총액(T)= 구매한 핫도그의 개수(n)×핫도그의 가격(H), 즉 T= H×n = Hn.

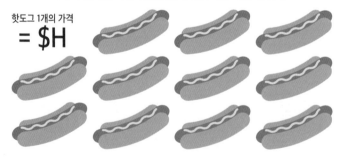

단숨에 알아보기
공식을 적용하는 법
아래의 공식을 사용해 핫도그의 총금액을 계산해 보자.

핫도그 1개의 가격
= $H

총금액(T) = 구매한 핫도그의 개수(N) X 핫도그의 가격(H)

앞서 배운 면적과 둘레를 계산하는 방법도 공식화할 수 있다. 위의 예시처럼 표현해 보자. 정사각형의 둘레(P)= 한 변의 길이(L)×4. 따라서 P= L×4= 4L와 같이 문자로 단어를 대체할 수 있다. 정사각형의 넓이(A)= 길이×길이, 즉 A= L^2이다.

복잡한 공식들

일부 복잡한 공식도 있지만, 단어로 식을 작성하면 쉽게 이해할 수 있다. 앞서 말한 전기 기사를 예로 들어보자. 총비용(T)= 호출 비용(C)+시간당 비용(H)×시간(n). 이제 단어를 문자로 바꾸면 T= C+H×n, T= C+Hn이 된다. 전기 기사에 따라 C와 H가 다르므로 요금도 달라질 수 있다. 예를 들어 엘사의 출장 요금이 30,000원이고 시간당 비용은 20,000원이라면 이를 계산하는 식은 T= 30,000+20,000n이다. 엘사가 5시간 작업했을 경우 요금은 T= 30,000+20,000×5= 130,000원이다.

공식 적용하기

기술자들은 종종 소요 시간을 사용하는 간단한 공식을 사용해서 고객에게 비용을 청구하고는 한다.

**스파크
전기공사**

청구서

출장비 30,000원
시간당 비용 ....시간당 20,000원
시간 5시간

총액 130,000원

총비용(T)= 출장 비용(C)+시간당 비용(H)×소요 시간(N)

쪽지 시험

1. 월급(W)은 일한 시간(N)과 시급(R)과 보너스(B)에 따라 달라진다. 월급의 공식을 작성해 보자.

2. A= 넓이, H= 높이, B= 밑변의 길이라고 할 때 삼각형의 넓이 공식을 작성해 보자.

3. 릭은 점심으로 햄버거 한 개와 여러 잔의 음료를 마셨다. 햄버거는 4,000원이고 음료는 2,000원일 때 점심의 총액(T) 공식을 작성해 보자.

7.3 다항식

대수학에서 문자 또는 기호는 변경될 수 있거나 알 수 없는 값을 나타내는 데 사용된다. 항은 4X 또는 7과 같은 방정식 또는 다항식 내의 문자나 숫자를 뜻한다. 다항식은 +, -, ×, ÷ 같은 사칙연산으로 연결된 항의 집합을 말한다.

다항식은 등호를 포함하지 않는다는 점에서 방정식과 다르다. 방정식은 두 다항식이 같다는 것을 명시한다. 예를 들어 5a+3= 6t는 등호가 있으니 다항식이 아닌 방정식이다. 다항식 또한 문자나 기호를 사용해 먼저 식을 적은 뒤 문자로 대체하는 방식으로 작성할 수 있다. 예를 들어 연필 p팩과 지우개 e상자를 구매했는데 연필 한 팩에는 연필이 7자루 들어있고, 지우개 한 상자에는 지우개가 9개 들어있다. 따라서 연필의 총 개수는 구매한 팩의 개수에 7을 곱해주면 된다: 7×p→7p. 구매한 지우개의 총 개수는 구매한 상자의 개수에 9를 곱해주면 된다: 9×e →9e. 따라서 구매한 연필과 지우개의 개수는 7p+9e 이다.

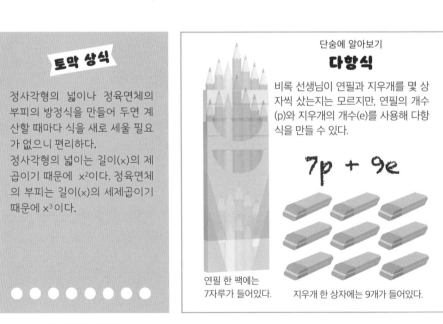

토막 상식

정사각형의 넓이나 정육면체의 부피의 방정식을 만들어 두면 계산할 때마다 식을 새로 세울 필요가 없으니 편리하다.
정사각형의 넓이는 길이(x)의 제곱이기 때문에 x^2이다. 정육면체의 부피는 길이(x)의 세제곱이기 때문에 x^3이다.

단숨에 알아보기
다항식

비록 선생님이 연필과 지우개를 몇 상자씩 샀는지는 모르지만, 연필의 개수(p)와 지우개의 개수(e)를 사용해 다항식을 만들 수 있다.

$$7p + 9e$$

연필 한 팩에는 7자루 들어있다.

지우개 한 상자에는 9개가 들어있다.

아주 오래된 다항식

르네는 n살이다. 맥스는 르네보다 3살 어리다. 마지막으로 아만다의 나이는 맥스의 절반이다. 세 사람의 나이에 관한 다항식을 만들어 보자.
우선 르네의 나이를 n이라고 하자. 맥스가 르네보다 3살 어리니 그의 나이는 n-3이다. 아만다의 나이는 맥스의 절반이기 때문에 (n-3)÷2이다.

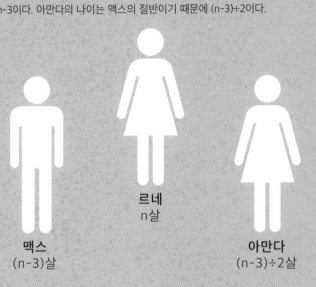

맥스
(n-3)살

르네
n살

아만다
(n-3)÷2살

이처럼 사람들의 나이 관계를 안다면 다른 두 사람의 나이를 구할 수 있는 다항식도 만들 수 있다.

쪽지 시험

다음을 읽고 다항식을 만들어 보자.

1. 빌은 참가비 50달러를 내고 참여한 게임에서 우승해 상금 X 달러를 받았다. 그는 총 얼마를 벌었을까?

2. 미셸은 초콜릿 컵케이크 10개와 블루베리 머핀 B개를 만들었다. 총 몇 개를 만들었을까?

3. 의자 200개와 테이블 T 개를 정리하고 있다. 테이블당 의자를 몇 개씩 두어야 할까?

7.4 단순화

항은 2n이나 9처럼 숫자나 문자나 기호, 또는 그것들의 조합이다. 같은 문자나 기호를 가지는 항이 여러 개 사용되는 경우, 그것들을 묶어 다항식이나 방정식을 단순하게 만들 수 있다. 이것을 '단순화'라고 부른다.

방정식과 다항식은 가능한 한 단순화하는 것이 중요하다. 그렇게 해야만 오류의 여지가 적어진다. 계산해야 할 항이 많을수록 오류가 발생할 가능성도 커진다. 간단한 예시로 정사각형의 둘레를 구해보자(한 변의 길이는 L이라고 하자). 둘레는 L+L+L+L이며, 4L이라고 단순화할 수 있다. 직사각형(가로 길이는 L, 세로 길이는 W라고 하자)의 둘레는 W+L+W+L이며, W와 L을 묶어 2W+2L라고 적을 수 있다.

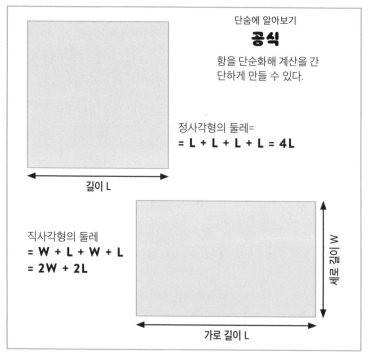

단숨에 알아보기

공식

항을 단순화해 계산을 간단하게 만들 수 있다.

길이 L

정사각형의 둘레=
= L + L + L + L = 4L

직사각형의 둘레
= W + L + W + L
= 2W + 2L

세로 길이 W

가로 길이 L

다항식 10n+7n-2n에서 각 항은 n을 가지고 있으므로 하나로 묶을 수 있다: 10n+7n= 17n → 17n-2n= 15n.

이처럼 기호나 문자를 사용하는 항만 단순화할 수 있다. 다만 제곱과 제곱이 아닌 항을 합산하여 단순화할 수는 없다. 예를 들어 $6x^2 + 2x + 5x$에서 x^2와 x는 서로 다른 항이기 때문에 묶을 수 없다. 따라서 이를 단순화한 다항식은 $6x^2 + 7x$이다.

곱셈의 경우 숫자를 먼저 곱한 다음 문자를 곱한다. 예를 들어 $6y \times 2y$에서는 6에 2를 곱하여 12를 먼저 구하고, y에 y를 곱해 y^2를 구한다. 따라서 단순화한 식은 $12y^2$이다.

제곱과 제곱이 아닌 항을 곱하기

$$6y \times 2y$$ 를 계산해 보자.

$$6 \times 2 = 12$$
$$y \times y = y^2$$

이제 둘을 결합하면

$$12y^2$$ 가 된다.

쪽지 시험

다음의 식을 단순화해 보자.

1. X+Y+X+Y+X+Y+Y= ?

2. 5X+9X-3X= ?

3. 6C-10B+A+3C+2B= ?

4. 8E×3E+7E= ?

5. 3X×4X×5X= ?

7.5 괄호 풀기

일부 다항식이나 방정식에는 괄호로 묶인 항이 있다. 이러한 식을 계산할 때는 괄호 밖의 숫자나 문자를 괄호 안의 모든 항에 곱해야 한다. 내부에 두 개의 항이 있는 경우, 두 번의 곱셈을 수행해야 한다. 따라서 항의 개수가 바로 수행해야 하는 계산의 수를 알려준다는 사실을 알 수 있다.

문자끼리 곱하면 $y \times z = yz$처럼 나란히 쓴다. 같은 문자끼리 곱하면 해당 문자의 제곱이 된다(예: $f \times f = f^2$). 자주 범하는 실수 중 하나는 ab^2가 $(ab)^2$과 같다고 생각하는 것이다. 하지만 그렇지 않다. $ab^2 = a \times b \times b$이지만 $(ab)^2 = a \times a \times b \times b$이다. 마지막으로 괄호 외부의 숫자나 문자에 음수 기호($-$)가 있으면 괄호 안의 모든 기호를 반대로 바꿔야 한다(141페이지 두 번째 예시 참조).

괄호를 풀기

괄호를 확장하거나 곱할 때는 괄호 외부의 항을 괄호 내부의 모든 항에 곱해야 한다. 이 예시에는 괄호 안에 두 개의 항이 있다. 이는 곧 곱셈을 두 번 수행해야 한다는 것을 뜻한다.

다음의 괄호를 풀어보자.

$$9(2x + 4) = 9(2x + 4)$$

$$= 9 \times 2x + 9 \times 4$$

$$= 18x + 36$$

괄호를 풀기

괄호를 푸는 것을 '확장한다'고 표현하기도 한다. 4(2x+3)를 확장하려면 괄호를 먼저 제거해야 한다. 괄호 안에 두 개의 항이 있으므로 내부 항(괄호 안의 수)에 외부 항(괄호 밖의 수)을 곱하여 두 가지 계산을 수행하도록 하자.

$$1. \quad 4 \times 2x = 8x$$

$$2. \quad 4 \times 3 = 12$$

따라서 확장된 다항식은 8x+12이다.

-5(3x+4y-2)를 확장해 보자.

괄호 안에 항이 세 개 있으므로 곱셈을 세 번 해야 한다. 괄호 밖에 음수 기호가 있다는 점에 주의하자.

$$1. \quad -5 \times 3x = -15x$$

$$2. \quad -5 \times 4y = -20y$$

$$3. \quad -5 \times -2 = 10$$

세 항을 다시 더해주면 -15x-20y+10이다.

쪽지 시험

다음의 괄호를 풀어보자.

1. 3(10X+2)

2. -2(-9Y+4Z)

3. 10(Z-9)

7.6 인수분해

인수분해는 확장과 반대다. 인수분해는 괄호를 추가하는 것이다. 인수분해 과정에는 공약수를 식별하는 것이 포함된다. 그러니 이번 장을 배우기 전에 먼저 공약수 개념을 잘 이해했는지 다시 확인해 보자(24페이지 참조). 또한 인수는 어떤 숫자를 정확하게 나누는 숫자를 뜻한다는 것을 기억하자.

인수분해할 때는 모든 항에 공통으로 들어가는 가장 큰 수를 식별해야 한다. 그리고 그 수를 괄호 밖으로 꺼낸다. 괄호 안의 수는 괄호 밖의 숫자와 곱하면 원래 항이 된다. 예를 들어 $8x-6$을 인수분해해 보자. 두 항의 가장 큰 인수는 2이기 때문에 괄호 밖에 2를 두고 뒤에 괄호를 붙인다: $2(\cdots)$. 2를 곱해 $8x$가 되려면 $4x$가 필요하므로 이것이 괄호 안의 첫 항이 된다: $2(4x\cdots)$. 마지막으로 2를 곱해 -6을 얻으려면 -3이 필요하다. 따라서 $2(4x-3)$을 구할 수 있다.

문자가 공통 인수인 경우

때로는 문자가 공통 인수일 수 있다. 예를 들어 x^2+3x에서는 x가 공통 인수이다. 숫자와 마찬가지로 공약수 x를 괄호 밖에 배치하면서 새로운 항을 살펴보자: $x(\cdots)$. 첫 번째 항의 경우 x에서 x^2이 되려면 x를 두 번 곱해야 한다: $x(x\cdots)$. 두 번째 항인 $3x$는 x에 3을 곱한 것이다. 때문에 최종값은 $x(x+3)$이 된다.

쪽지 시험

다음의 항을 인수분해해 보자.

1. $2Y-14$

2. $12X+8$

3. X^2+8X

4. Y^2-12Y

예시

5e +15를 인수분해 해보자.

$$5e + 15$$

① **두 항에 공통으로 적용되는 인수 또는 문자를 식별한다.**
이 경우에는 둘 다 5로 나누어지기 때문에 5를 괄호 밖에 배치한다.

$$5 (+)$$

② **괄호 안을 채운다.**
첫 항 5e는 e에 5를 곱한 것이기 때문에 첫 항은 e 이다.

$$5 (e+)$$

③ **괄호 안의 남은 부분을 채운다.**
15를 5로 나누면 3이다.

$$5 (e + 3)$$

※ 기존의 다항식에 항이 두 개 있었기 때문에 괄호 안에도
항이 두 개 있어야 한다.

7.7 방정식을 사용해 문제 해결하기

어떤 문제는 답이 여러 가지이거나 하나의 답으로는 명확하게 답변하는 것이 불가능할 수도 있다. 수학에서는 방정식을 사용해 기하학이나 측정, 대수학 분야의 문제를 해결하는 경우가 많다. 핵심은 가장 적절한 방정식을 식별하고 작성하는 것이다.

케이티는 색연필(한 팩에 10달러)과 빨간색 물감(각 5달러)과 붓(각 2달러)을 사기 위해 문구점에 갔다. 그녀는 색연필 한 팩, 그리고 물감과 붓을 여러 개 구매한 뒤 50달러를 냈다. 물감과 붓을 몇 개씩 샀는지에 대해서는 여러 가지 가능성이 있는데 가장 먼저 할 일은 지불한 총금액에 대한 방정식을 작성하는 것이다.

방정식 만들기

공식을 사용해 주어진 상황에서 가능한 모든 경우를 계산할 수 있다.

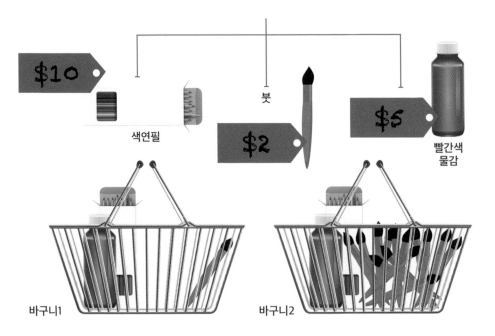

$10
색연필

붓
$2

$5
빨간색
물감

바구니1   바구니2

방정식을 작성할 때 글로 먼저 적어보는 것을 잊지 말자: 총금액= 색연필의 가격×구매한 팩의 개수+빨간색 물감의 가격×구매한 물감의 개수+붓의 가격×구매한 붓의 개수. C= 색연필 팩의 개수, P= 구매한 물감의 개수, B= 구매한 붓의 개수라고 하면 다음과 같은 식을 얻을 수 있다.

$$\$50 = 10C + 5P + 2B$$

우리는 이미 케이트가 색연필을 한 팩 샀다는 사실을 알고 있다. 따라서 방정식의 양변에서 색연필값인 10을 빼자.

$$50 - 10 = 10 + 5P + 2B - 10$$
$$40 = 5P + 2B$$

이제 물감과 붓을 몇 개씩 사야 40달러가 되는지 알아보자. 먼저 P 나 B 중 하나를 1이라고 가정하고 시작하는 것이다. 만약 물감을 한 개 샀다면 식은 다음과 같다.

$$40 = 5 + 2B$$

방정식 양변에서 5를 뺀다.

$$40 - 5 = 5 + 2B - 5$$

이 식에 따르면 답은 35= 2B인데 35는 2의 배수가 아니고, 붓을 0.5개 구매할 수 없으므로 P= 1은 답이 아니다. 이제 물감을 두 개 샀다고 가정해 보자; P= 2.

$$40 = (5 \times 2) + 2B$$
$$40 - 10 = 10 + 2B - 10$$
$$30 = 2B \qquad 15 = B$$

쪽지 시험

위의 예시에 적용 가능한 두 가지 경우를 더 찾아보자.

7.8 패턴과 수열

수열은 특정한 패턴을 따르는 숫자를 나열한 것이다. 어떤 패턴에서는 각 간격에서 무슨 일이 일어나고 있는지만 알아볼 수 있으면 나머지는 매우 쉽게 이해할 수 있다. 꼭 알아볼 수 있어야 하는 몇 가지 유형의 수열이 있다. ①매번 같은 수가 더해지는 수열 ②매번 같은 수가 줄어드는 수열 ③매번 더해지는 수가 변하는 수열 ④매번 같은 수를 곱하거나 나누는 수열

수열은 임의의 숫자를 나열한 것과는 다르다. 홀수(1, 3, 5, 7, …) 또는 짝수(2, 4, 6, 8, …)와 같은 일부의 수열은 매우 쉽고 명확하게 알아볼 수 있다. 또한 1, 4, 9, 16, 25, 36, 49, 64, 81, 100, 즉 1~10의 제곱 수열은 알아 두면 좋다.

수열을 알아보자

한눈에 명확하게 보이지 않는 수열을 파악할 때 가장 먼저 해야 하는 일은 각 숫자의 차이를 확인하는 것이다. 예를 들어 수열의 처음 5개 항을 살펴보자: 2, 8, 14, 20, 26. 각 숫자의 차이를 구해보면 매번 6을 더했다는 것을 알 수 있다. 이 수열은 이전 숫자에 6을 더해 얻을 수 있다. 이 규칙에 따르면 다음 항을 찾을 수 있다. 이 수열에서 20번째 항을 찾으려면 첫 번째 항(2)에 6을 20번 더해야 한다: 2+(20×6)= 2+120= 122. 따라서 이 수열의 20번째 항은 122이다.

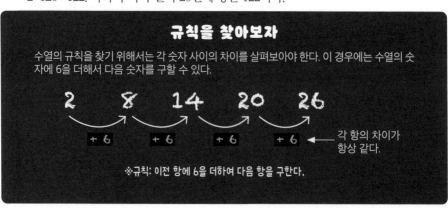

규칙을 찾아보자

수열의 규칙을 찾기 위해서는 각 숫자 사이의 차이를 살펴보아야 한다. 이 경우에는 수열의 숫자에 6을 더해서 다음 숫자를 구할 수 있다.

2   8   14   20   26

+6   +6   +6   +6   ← 각 항의 차이가 항상 같다.

※규칙: 이전 항에 6을 더하여 다음 항을 구한다.

이전 항에서 2를 빼는 규칙이 있는 수열이 있다. 이 수열의 첫 항이 200이라면 각 항의 차이를 사용해 쉽게 12번째 항을 구할 수 있다. 먼저 12×2를 구한 뒤 첫 항에서 뺀다: 200-24= 176. 이제 다음의 수열들과 그 규칙들을 살펴보자.

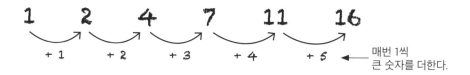

매번 1씩 큰 숫자를 더한다.

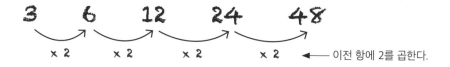

이전 항에 2를 곱한다.

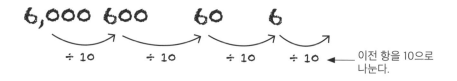

이전 항을 10으로 나눈다.

쪽지 시험

다음의 수열에서 규칙을 찾아보자.

1. 3, 7, 11, 15, 19, 23

2. 80, 71, 62, 53, 44, 35

3. 40, 20, 10, 5

4. 66, 65, 63, 60, 56

5. 6으로 시작해 매번 3씩 더해지는 수열의 25번째 항은 무엇일까?

대수학

1. 98-X= 54에서 X의 값을 구해
   보자.
   A. 54 B. 98 C. 152 D. 44

2. 정사각형으로 이루어진 초콜
   릿이 8개 있다. 정사각형이 총
   96개 있다면 각 초콜릿에는 몇
   개의 정사각형(S)이 있을까?
   A. 8S= 96
   B. 8+S= 96
   C. 8÷S= 96
   D. 96+S= 8

3. 모티는 브런치로 시리얼 한 그
   릇(2,500원)과 커피(4,000원)
   여러 잔(n)을 주문했다. 그가 낸
   총금액(T)을 알 수 있는 방정식
   을 구해보자.
   A. T= 2.4000+4,000
   B. T-4,000= 2,500
   C. TN= 2,500
   D. T= 2,500+4,000n

4. 아마라는 200달러를 벌고 T
   만큼 부가세를 냈다. 그녀는

얼마를 벌었을까?
A. 200-T   B. 200+T
C. 200T   D. 200÷T

5. 17X+2X-7Y-5X를 단순화해 보
   자.
   A. 17X-7X   B. 24X+7X
   C. 14X-7X   D. 14X-15X

6. 2X×4X×3X를 단순화해 보자.
   A. 24X²
   B. 24X
   C. 24X³
   D. 9X³

7. -3(10Y + 2X)를 풀어보자.
   A. -30Y-2X
   B. -30Y-6X
   C. -30Y+6X
   D. -3Y+6X

8. 3Y + 27 을 인수분해해 보자.
   A. 3(Y+27)
   B. 3Y+9
   C. 3(3Y+27)

D. 3(Y+9)

9. 해리엇은 100달러짜리 테이
   블(T)과 25달러인 의자(C), 10
   달러인 쿠션(S)을 구매하고 총
   400달러 지급했다. 구매한 의
   자와 쿠션의 개수는 비슷하다.
   a. 해리엇이 구매한 총액을 글
   로 적어보자.
   b. 이번에는 문자와 기호만을
   사용해서 적어보자.
   c. 해리엇이 쿠션을 10개 샀다
   면 의자는 몇 개 샀을까?

10. 다음의 수열에서 규칙을 찾
    아보자.
    100, 92, 84, 76, 68, 60…

11. 이 수열의 이름은 무엇일까?
    1, 4, 9, 16, 25, 36, 49, 64, 81,
    100…

7장

간단 요약

대수학은 숫자 대신 기호와 문자를 사용해서 공식과 방정식과 다항식을 만드는 것이다.

- 방정식의 기호를 사용해서 알지 못하는 양을 나타내고, 그것을 풀어 값을 찾을 수 있다.
- 대수학은 서로의 관계가 고정되어 같은 관계가 유지되지만, 숫자는 변할 수 있는 관계를 설명하기 위해서도 사용된다.
- 대수 또는 문자식을 작성하려면 우선 계산하려는 식을 글을 사용해 적은 뒤, 원하는 문자를 사용해 단어를 대체하면 된다.
- 공식이나 다항식의 항은 4x 또는 7처럼 문자나 숫자이다. 다항식은 사칙연산(+, -, ×, ÷)을 사용해 연결된 항의 집합이다.
- 다항식이나 방정식의 여러 위치에서 같은 항이 발견되면 한 그룹으로 묶어 보다 쉽게 만들 수 있다. 이것을 항을 '단순화한다'고 한다.
- 일부 다항식이나 공식에는 괄호가 있다. 괄호를 풀 때는 괄호 안의 항에 괄호 밖의 항을 곱해야 한다.
- 인수분해에는 공통 인수를 발견해 방정식을 괄호에 다시 추가하는 과정이 포함된다.
- 공식은 어떤 문제를 해결할 수 있는 모든 답을 알아내는 데 도움이 된다.
- '수열'은 특정한 패턴을 따르는 숫자의 목록이다.

8

통계와 확률

통계와 확률은 어떤 일이 일어날 확률을 계산하기 위해 사용된다. 이 장에서는 어떤 일이 일어날지 또는 일어나지 않을지 그 확률을 계산하는 방법과 그것을 실험해 보는 방법, 더 복잡한 확률 규칙에 대해서 배울 것이다.

── 이번 장에서 배우는 것 ──

∨확률

∨결과를 계산하는 법

∨어떤 결과가 일어나지 않을 확률

∨확률 실험

∨AND/OR 규칙

∨트리 다이어그램

∨조건부 확률

∨집합과 벤 다이어그램

8.1 확률: 가능성 계산하기

사건이 일어날 확률 또는 가능성은 불가능한 것에서 확실히 일어나는 것까지 다양하다. 확률은 분수, 소수, 백분율 또는 말로 설명할 수 있다. 분수와 소수의 경우 모든 확률은 0과 1사이에 위치하고, 백분율에서는 0%에서 100% 사이에 위치한다. 종종 아래에 표시된 척도처럼 확률을 해석하기도 한다. 확률이 0에 가까울수록 발생할 가능성이 적고, 1에 가까울수록 발생할 가능성이 크다.

불가능	가능성 적음	가능성 반반	가능성 큼	확실하게 일어남
0	0.25	0.5	0.75	1.0
0	$\frac{1}{4}$	$\frac{1}{2}$	$\frac{3}{4}$	1.0
0	25%	50%	75%	100%

다음 공식을 사용해 결과 또는 사건이 발생할 가능성 또는 확률을 계산할 수 있다.

$$확률 = \frac{어떤\ 사건이\ 일어날\ 수\ 있는\ 경우의\ 수}{모든\ 경우의\ 수}$$

예를 들어 곤충학자인 재스퍼는 15마리의 곤충(무당벌레 3마리, 꿀벌 7마리, 개미 5마리)을 수집했으며 한 번에 한 마리씩 연구하고자 한다. 그가 개미를 연구할 확률은 얼마나 될까? 이것을 해결하려면 개미의 수(5)에서 총 결과 수(15)를 나누면 된다. 즉 재스퍼가 개미를 먼저 연구할 확률은 $\frac{5}{15}$ 이다. 이 분수를 약분하면 $\frac{1}{3}$ 이 된다.

확률을 나타낼 때는 대문자 P를 사용하고, 괄호 안에 원하는 결과를 설명하는 단어를 적는다. 예를 들어 개미를 선택할 확률은 P(개미)가 된다. 그가 개미나 꿀벌 중 하나라도 먼저 고를 확률을 알고 싶다면, 각각의 확률을 더해서 구할 수 있다. P(개미 또는 꿀벌)= P(개미)+P(꿀벌)= $\frac{5}{15} + \frac{7}{15} = \frac{12}{15} = \frac{4}{5}$.

토막 상식

모든 경우의 확률이 똑같은 경우에만 공평하다고 할 수 있다. 예를 들어 주사위를 던져 어떤 숫자를 얻을 확률은 모두 $\frac{1}{6}$ 이다.

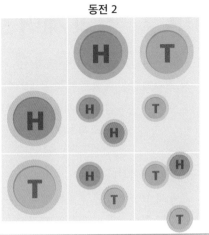

단숨에 알아보기
표본 공간 그림

동전 두 개를 던졌을 때 나올 수 있는 경우의 수를 보여주는 그림이다. 4가지 가능한 결과가 있는데 그중 하나에서만 뒷면이 두 번 나온다. 따라서 뒷면이 두 번 나올 확률은 $\frac{1}{4}$ 이다.

동전 2

동전 1

여러 결과가 동시에 일어날 확률

때로는 두 가지 일이 동시에 발생해 두 가지 결과가 동시에 발생할 수 있다. 예를 들어 동전 두 개를 던져보자. 각 동전에서 뒷면이 나올 확률은 $\frac{1}{2}$ 이지만, 두 동전 모두 뒷면이 나올 확률은 $\frac{1}{4}$ 이다. 표본 공간 그림을 사용해서 이 문제를 해결해 보자. 왼쪽 아래에는 1번 동전의 결과가 나열되고, 위쪽에는 2번 동전의 결과가 나열된다. 따라서 4가지 결과가 가능하다는 것을 알 수 있다. 이 중 두 동전 모두 뒷면이 나오는 경우는 단 하나이기 때문에 그 확률은 4개 중 1, 즉 0.25 또는 25%이다.

쪽지 시험

1. 사라의 지갑에는 네 가지 종류의 동전(10원짜리 동전 3개, 50원짜리 동전 8개, 100원짜리 동전 10개, 500원짜리 동전 9개)을 가지고 있다. 동전을 꺼냈을 때 그 동전이 500원짜리 동전일 확률은 얼마일까?

A. P(500원)= $\frac{10}{30}$ B. P(500원)= $\frac{3}{10}$

C. P(500원)= $\frac{3}{10}$ D. P(500원)= $\frac{1}{2}$

2. 두 동전을 동시에 던졌을 때 하나는 앞면이 나오고 다른 하나는 뒷면이 나올 확률은 얼마일까?

A. P(앞면&뒷면)= $\frac{3}{4}$ B. P(앞면&뒷면)= $\frac{2}{2}$

C. P(앞면&뒷면)= $\frac{1}{4}$ D. P(앞면&뒷면)= $\frac{1}{2}$

|8.2 결과 세어 보기

확률에 관련된 질문이나 문제에서는 가능한 모든 결과부터 확인해야 한다. 가능한 모든 결과에 대한 목록은 특정 결과의 확률을 계산하는 데 사용할 수 있다. 주사위 하나를 던지는 것처럼 한 가지 활동만 이루어지는 경우에는 쉽게 모든 결과를 나열할 수 있다. 그러나 동시에 두 가지 이상의 결과가 발생하면 조금 어려워진다.

동전 던지기와 주사위 던지기가 동시에 발생하는 경우를 나타낸 아래의 그림을 활용해 가능한 모든 결과를 알아볼 수 있다. 예를 들어 두 개의 주사위를 굴려 나온 점수를 합산했을 때 가능한 모든 결과는 몇 가지일까? 같은 결과가 여러 번 발생하지만, 총 36가지 결과가 있다.

단숨에 알아보기
공식을 적용하는 법

표본 공간 그림을 통해 1번 주사위와 2번 주사위에서 나온 수를 더한 모든 결괏값을 볼 수 있다. 이에 따르면 총 36가지 결과가 가능하다는 사실을 알 수 있다.

두 가지 이상의 결과가 발생하는 경우, 곱셈 법칙을 사용해 결과의 확률을 계산할 수 있다. 이는 결과의 수가 많을 때 유용하게 사용되는 것으로, 여러 활동의 조합 결과는 곧 각 활동의 결과를 서로 곱한 것과 같다.

	주사위1	주사위2	주사위3	주사위4	주사위15
결괏값1	1	1	1	1	1
결괏값2	1	1	1	1	2
결괏값3	1	1	1	1	3
결괏값4	1	1	1	1	4
결괏값5	1	1	1	1	5

세 가지 이상의 활동이 발생하는 경우 곱셈 법칙을 사용해서 가능한 결과의 총수를 계산할 수 있다. 일일이 나열하려면 많은 시간이 걸릴 것이다.

예를 들어 앤드류는 5개의 주사위를 굴려서 나올 수 있는 조합의 수를 계산하려고 한다. 곱셈 법칙을 사용해서 주사위 1에서 나올 수 있는 경우의 수에 주사위 2의 경우의 수와 주사위 3의 경우의 수를 곱하는 식으로 진행한다. 정육면체 주사위를 사용하면 개당 6가지의 결과를 얻을 수 있으므로 $6 \times 6 \times 6 \times 6 \times 6 = 7{,}776$. 즉 7,776가지 결과를 얻을 수 있다.

그런 다음 앤드류는 주사위를 던져 홀수값을 얻는 경우의 수를 구하려고 한다. 이번에는 주사위당 3개의 결과가 있다(1,3,5). 주사위가 총 5개이니 홀수만 얻을 수 있는 경우의 수는 $3 \times 3 \times 3 \times 3 \times 3 = 243$이다. 이제 홀수만 나올 경우의 수와 전체 경우의 수를 구하였으니 5개의 주사위를 던져서 홀수만 나올 확률을 계산할 수 있다: P (홀수)= $243 \div 776 = 0.03$.

쪽지 시험

1. 6개의 동전을 던졌다고 가정해 보자.
   a. 앞면과 뒷면에 대한 경우의 수를 구해보자.
   b. 모든 동전에서 뒷면이 나올 확률은 얼마일까?

2. 정육면체 주사위 4개를 굴렸다고 가정해 보자.
   a. 주사위를 굴려 얻을 수 있는 전체 경우의 수를 구해보자.
   b. 모든 주사위에서 짝수를 얻을 확률은 얼마일까?

8.3 사건이 일어나지 않을 확률

때로는 어떤 사건이 발생하지 않을 확률을 구해야 할 수도 있다. 하지만 이를 구하려면 추가적인 계산이 필요하기도 하고, 다른 각도에서 문제를 봐야 할 수도 있다. 모든 결과 중 하나라도 발생할 확률은 항상 1이다. 따라서 특정 결과가 발생하지 않을 확률은 1에서 그 결과가 발생할 확률을 빼서 구한다.

X가 발생하지 않을 확률에 대해 이야기할 때는 오른쪽에 '를 붙여 표시한다: P(X'). 어떤 일이 일어나지 않을 확률을 계산하는 방법은 전체 확률(1)에서 그 일이 일어날 확률을 빼는 것이다: P(X')= 1-P(X).

예를 들어보자. 아비게일의 학교에서 기념복권을 총 2,000장 판매했고, 아비게일의 가족은 30장 구매했다. 때문에 아비게일이 복권에 당첨될 확률은 $\frac{30}{2000}$, 즉 P(당첨)= 0.015이다. 아비게일이 당첨되지 않을 확률은 P(당첨')= 1-P(당첨), 즉 P(당첨')= 1-0.015= 0.985이다. 이로써 우리는 아비게일이 복권에 당첨될 확률보다 그렇지 않을 확률이 훨씬 더 높다는 사실을 알 수 있다.

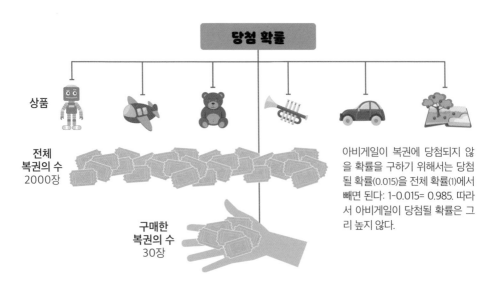

당첨 확률

상품

전체
복권의 수
2000장

구매한
복권의 수
30장

아비게일이 복권에 당첨되지 않을 확률을 구하기 위해서는 당첨될 확률(0.015)을 전체 확률(1)에서 빼면 된다: 1-0.015= 0.985. 따라서 아비게일이 당첨될 확률은 그리 높지 않다.

여러 가지 결과

어떤 사건이 발생하지 않을 확률을 계산할 때 결과가 두 개(승리 또는 패배)보다 많으면 언뜻 복잡해 보일 수 있지만, 기본적인 원칙은 동일하다.

예를 들어 로버트는 빨간색 구슬 12개, 파란색 구슬 15개, 노란색 구슬 8개, 초록색 구슬 5개, 총 구슬 40개가 들어있는 가방을 가지고 있다. 로버트가 가방에서 구슬을 하나 꺼냈는데 그것이 노란색이 아닐 확률은 얼마일까? 이 문제를 해결하는 방법에는 두 가지가 있다. ①노란색 구슬을 꺼낼 확률을 먼저 계산하고 1에서 뺀다. ②모든 확률을 계산해 더한다. 로버트는 2번 방법을 선택했다. 이에 따르면 다른 색상을 얻을 확률은 (12+15+5)÷40= 0.8, 즉 P(노란색')= 0.8이다.

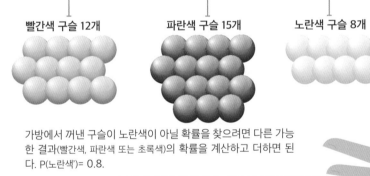

노란색 구슬을 꺼내지 않을 확률

빨간색 구슬 12개   **파란색 구슬 15개**   **노란색 구슬 8개**   **초록색 구슬 5개**

가방에서 꺼낸 구슬이 노란색이 아닐 확률을 찾으려면 다른 가능한 결과(빨간색, 파란색 또는 초록색)의 확률을 계산하고 더하면 된다. P(노란색')= 0.8.

쪽지 시험

1. 숫자 1~10을 모자 안에 넣고 하나를 뽑을 때, 2가 아닌 다른 숫자가 나올 확률은 얼마일까?

  A. 0.10 B. 0.20 C. 1.00 D. 0.90

2. 정육면체 주사위를 던져 5가 아닌 다른 숫자가 나올 확률은 얼마일까?

3. 이 중 Y가 일어나지 않을 확률을 올바르게 나타내는 것은 무엇일까?

  A. P(Y) B. P(Y!) C. P(Y') D. P(YX)

8.4 확률 실험

때로는 결과가 한 방향 또는 여러 방향으로 편향되어 예상한 결과를 얻지 못할 수도 있다. 확률 실험은 상대빈도와 특정 결과가 일어날 실험적 확률을 구하는 과정이다. 이를 통해 모든 편향을 고려해본 뒤 원하는 것을 계산할 수 있다.

사건의 상대빈도 또는 실험 확률은 사건이 발생한 횟수를 총 시도 횟수로 나눈 것이다(동전 던지기처럼 결과를 발생시키는 행동을 '시도'라

$$\frac{\text{사건이 발생한 빈도}}{\text{총 시도 횟수}} = \text{상대빈도}$$

고 부른다). 우리는 실험을 통해 편향이 있는지 검증하고 사건의 발생 확률에 대해 예측했던 것을 더 정확하게 알 수 있게 된다.

'편향'은 특정 결과 또는 사건이 다른 것들보다 더 일어날 가능성이 크다는 것을 뜻한다. 일반적으로 주사위를 던지면 모든 숫자의 확률이 같으리라 예측하지만 편향된 주사위는 일부 숫자를 다른 숫자보다 더 많이 만들어낸다.

예를 들어보자. 어네스토가 동전을 던지고 있다. 만약 편향이 없다면 앞면이 나올 확률은 뒷면이 나올 확률과 같다. P(앞면)= 0.5= P(뒷면). 하지만 동전을 던져본 사람이라면 정말 그런지에 대해 한 번쯤 의문이 들 수 있다. 이를 확인하기 위해서는 동

토막 상식

편향은 배경이 같을 때 일부 결과 또는 사건의 발생 확률이 다른 것보다 더 클 수 있음을 의미한다. 편향된 주사위는 각 숫자의 확률이 같음에도 불구하고 일부 숫자가 나올 확률이 더 크다.

● ● ● ● ● ● ●

전을 여러 번 던져서 실제 빈도를 확인하는 것으로 그 의심이 사실인지 확인해 볼 수 있다. 어네스토는 동전을 총 200번 던졌고, 앞면은 125번, 뒷면은 75번 나왔다. 따라서 앞면이 나올 상대빈도는 125÷200= 0.625이고, 뒷면이 나올 상대빈도는 75÷200= 0.375이다. 동전이 편향되지 않았다면 정확하게 앞면이 100번, 뒷면 100번 나왔어야 했다. 따라서 이 동전이 편향되었다는 사실을 알 수 있다.

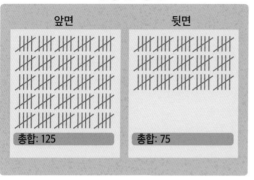

단숨에 알아보기

편향된 동전

앞면	뒷면
卌 卌	卌 卌 卌 卌 卌 卌 卌 卌 卌 卌 卌 卌 卌 卌 卌
총합: 125	**총합: 75**

이 기록지는 어네스토가 동전을 200번 던져서 나온 결과를 기록해둔 것이다. 동전이 편향되지 않았다면 정확하게 앞면과 뒷면이 나온 횟수가 같아야 한다. 따라서 이 동전은 편향된 것으로 보인다.

정확성 높이기

실험 확률은 실험을 반복할수록 더 정확해진다. 동전을 200번 던지는 것은 10번 던지는 것보다 더 정확한 확률을 제공한다. 어네스토는 실험 이후 동전을 800번 더 던졌다(총 1,000회). 이번에는 동전의 앞면은 546회, 뒷면은 454회 나왔다. 이제 앞면의 상대빈도는 546÷1000= 0.546, 즉 0.546이고, 뒷면의 상대빈도는 454÷ 1000= 0.454, 즉 0.454이다. 이 상대빈도는 예상했던 확률(0.5)에 훨씬 더 가까우므로 동전은 이제 이전 실험 결과보다는 편향되지는 않아 보인다.

쪽지 시험

1. 주사위를 20번 던졌는데 그중 2가 7번 나왔다면 상대빈도는 몇일까?

   A. 0.35 B. 0.65 C. 0.7 D. 0.20

2. 동전을 100번 던져서 뒷면이 80번 나왔다면 동전 뒷면의 상대빈도는 몇일까?

   A. 0.60 B. 0.20 C. 0.80 D. 1.00

|8.5 AND/OR 규칙

어떤 두 가지 사건이 함께 발생하거나 그중 하나라도 발생할 확률을 계산하는 경우도 있다. 이번에는 이때 사용할 수 있는 쉬운 두 가지 규칙을 소개하고자 한다. 두 가지 결과가 모두 발생하는 경우를 계산하는 'AND 규칙'과 두 결과 중 하나라도 발생할 확률을 계산하기 위한 'OR 규칙'이 바로 그것이다.

    AND 규칙은 A와 B가 모두 일어날 확률을 보는 것이다. '~와(과)', '그리고'라는 뜻을 가진 단어 and를 떠올리면 쉽게 기억할 수 있다. 두 사건이 동시에 일어날 확률은 두 개별 확률을 서로 곱한 것과 같다(참고로 이것은 한 사건이 다른 사건에 영향을 미치지 않는 독립적인 결과에서만 적용된다).

    타냐는 다양한 구슬이 들어있는 가방을 가지고 있다. 이 가방에서 무작위로 구슬을 꺼냈는데 그것이 빨간색 구슬일 확률은 P(빨강)= 0.3이며, 초록색 구슬일 확률은 P(초록)= 0.1이다. 하나의 구슬을 꺼내 색을 확인한 뒤 도로 집어넣고 다른 구슬을 꺼

$$P(X와 Y)$$

$$= P(X) \times P(Y)$$

AND 규칙: 사건 X와 Y가 같이 일어날 확률은 X가 일어날 확률에 Y가 일어날 확률을 곱한 것과 같다.

토막 상식

한 사건이 다른 사건이 일어날 확률에 영향을 미치지 않는다면 서로 독립적인 상태라고 할 수 있다. 만약 한 사건이 다른 사건에 영향을 미치면 두 사건은 독립적인 상태가 아니다. 위의 예시에서 공을 꺼낸 뒤 다시 집어넣지 않았다면 두 번째 공의 확률에 영향을 미치게 되어 두 사건이 독립적이지 않게 된다.

P(X 또는 Y) $= P$(X) $+ P$(Y)
$- P$(X와 Y)

OR 규칙: X 또는 Y가 일어날 확률은 X가 일어날 확률과 Y가 일어날 확률을 더한 뒤 둘 모두가 일어날 확률을 빼는 것이다.

냈다. 이때 두 구슬 중 하나는 초록색이고, 다른 하나는 빨간색일 확률은 몇일까? AND 규칙에 따르면 P(초록과 빨강)= P(초록)×P(빨강)= 0.1×0.3= 0.03이다.

두 결과 중 하나 이상이 발생할 확률을 계산할 때 OR 규칙을 사용한다. 이것은 '또는' 이라는 뜻의 단어 or을 떠올리면 쉽게 기억할 수 있다.두 사건 중 하나 이상이 발생할 확률은 개별 확률을 더한 값에서 두 사건이 모두 발생할 확률을 뺀 것과 같다. 사건이 상호 배타적(동시에 발생할 수 없음)이면 각 사건의 확률을 더하면 된다. 따라서 가방에서 구슬을 꺼냈을 때 빨간색 또는 초록색 구슬이 나올 확률은 다음과 같다. P(초록 또는 빨강)= P(초록)+P(빨강)= 0.1+0.3= 0.4.

쪽지 시험

1. 두 개의 동전을 던져 둘 다 앞면이 나올 확률은 얼마일까?

   A. 0.5   B. 1.0

   C. 0.55   D. 0.25

2. 가방에 빨간색 공이 4개, 노란색 공이 3개, 주황색 공이 5개 들어있다. 무작위로 한 개를 꺼냈을 때 이 공이 빨간색일 확률을 구해보자.

3. 동전 하나를 던지고 주사위 하나를 굴려서 뒷면과 4가 나올 확률은 몇일까?

   A. 0.083   B. 0.667

   C. 0.333   D. 0.166

8.6 트리 다이어그램(수형도)

'수형도' 또는 '트리 다이어그램'은 모든 사건의 조합이 차례로 발생할 때 결과의 확률을 계산하는 데 매우 유용하다. 트리 다이어그램에는 각 활동의 집합과 각 사건이 일어나서 갈라지는 가지 부분이 존재한다. 이런 가지 위에는 해당 사건의 확률이 쓰인다. 이런 트리 다이어그램은 독립적인 사건들뿐만 아니라 종속(비독립적) 사건들에서도 사용될 수 있다. 특히나 종속 사건들의 확률을 기록하는 데 유용하다.

트리 다이어그램은 나무처럼 가지를 가지고 있다. 여기에서 점은 하나의 사건을 나타내는데, 한 점에서 만나는 가지들의 확률의 합은 항상 1이다. 가지의 확률을 서로 곱하면 최종적인 확률을 구할 수 있다.

반대쪽 페이지에 설명된 트리 다이어그램을 사용하여 구슬의 다양한 조합을 계산할 수 있다. 예를 들어 두 구슬이 모두 초록색일 확률은: P(초록과 초록)= $\frac{3}{7} \times \frac{3}{7} = \frac{9}{49}$ 이다. 첫 번째 구슬이 빨간색이고, 두 번째 구슬이 초록색일 확률을 찾으려면 빨간색에 해당하는 첫 번째 가지를 선택한 뒤, 초록색에 해당하는 두 번째 가지를 택하면 된다: P(빨강 다음 초록)= $\frac{4}{7} \times \frac{3}{7} = \frac{12}{49}$.

다양한 결과의 조합이 존재하지만, 그중 매번 다른 색상을 얻을 확률을 살펴보자. 이 경우에는 초록색을 얻은 뒤 빨간색을 얻은 결과와 빨간색을 얻은 뒤 초록색을 얻은 결과가 존재한다. 따라서 매번 다른 색상을 얻을 확률은 두 결과의 확률을 구한 뒤 더해주면 된다. P(초록 다음 빨강 또는 빨강 다음 초록)= $\frac{3}{7} \times \frac{4}{7} + \frac{4}{7} \times \frac{3}{7} = \frac{24}{49}$.

단숨에 알아보기

트리 다이어그램

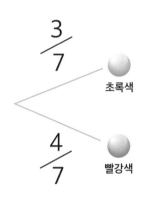

첫 번째 가지

$\dfrac{3}{7}$

초록색

$\dfrac{4}{7}$

빨강색

이 트리 다이어그램은 구슬 한 봉지에서 구슬을 꺼낼 때 일어날 수 있는 결과의 조합과 그 확률을 나타낸다. 이 봉지에는 초록색 구슬 3개와 4개의 빨간색 구슬 4개가 들어있다.

하나의 구슬을 무작위로 뽑은 뒤 색상을 확인하고 다시 봉지에 넣는다. 이후 두 번째 구슬을 뽑는다. 첫 번째 구슬이 초록색일 확률과 빨간색일 확률을 더하면 1이 된다(간단한 계산이니 빠르게 확인해 보자).

두 번째 가지

$\dfrac{3}{7}$

초록색

$\dfrac{4}{7}$

빨강색

$\dfrac{3}{7}$

초록색

$\dfrac{4}{7}$

빨강색

쪽지 시험

위의 트리 다이어그램을 사용해서 다음의 확률을 계산해 보자.

1. P(빨강과 빨강)=

2. P(초록 다음 빨강)=

3. P(같은 색 두 번)=

*3번 문제에 대한 힌트: P ((빨강과 빨강) 또는 (초록과 초록))

|8.7   조건부 확률

'조건부 확률'은 한 사건이 두 번째 사건의 확률에 영향을 미치는 종속 사건에 사용된다. 이는 주머니에서 공을 꺼낸 뒤 다시 넣지 않으면 다음 뽑기에 영향을 미치는 것처럼 추출 후 표본을 복원하지 않을 때 자주 나타난다.

조건부 확률을 계산하는 데에는 수정된 버전의 AND 규칙이 사용된다. 사건 E와 F가 모두 일어날 확률은 E가 일어날 확률에 E가 이미 일어났는데 F가 일어날 확률을 곱한 것과 같다. 다음의 식을 살펴보자.

$$P(E와 F) =$$

$$P(E) \times P(E가\ 이미\ 일어났는데\ F가\ 일어남)$$

이는 사건 E가 먼저 일어났는데 F가 일어날 조건부 확률의 공식이다.

쪽지 시험

가방에는 빨간색 카드 9개와 노란색 카드 3개가 있다. 한 장의 카드를 무작위로 꺼낸 뒤 다시 넣지 않는다. (약분하는 것을 잊지 말자!)

1. 첫 번째로 뽑은 카드가 빨간색이고 두 번째로 뽑은 카드가 노란색일 확률은 얼마일까?

A. $\frac{9}{44}$ B. $\frac{1}{4}$ C. $\frac{3}{132}$ D. $\frac{40}{100}$

2. 두 카드가 서로 같은 색일 확률은 얼마인가?

A. $\frac{1}{11}$ B. $\frac{7}{12}$ C. $\frac{13}{22}$ D. $\frac{9}{11}$

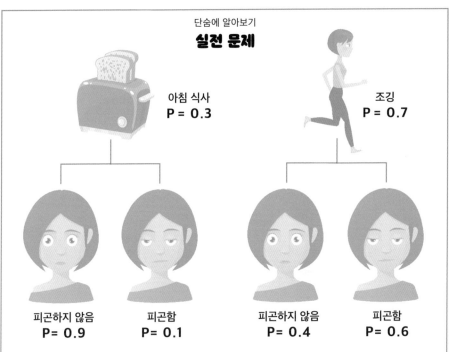

실전 문제

아침 식사
P = 0.3

조깅
P = 0.7

피곤하지 않음
P = 0.9

피곤함
P = 0.1

피곤하지 않음
P = 0.4

피곤함
P = 0.6

할리마는 아침에 일어나면 조깅을 하거나 아침을 먹는다. 그녀가 아침에 일어나서 조깅할 확률은 0.7이다. 그녀가 아침을 먹고 오후에 피곤하지 않을 확률은 무엇일까?

우리는 P(아침 식사를 하고 피곤하지 않음)을 구하고 있다. 가장 먼저 할 일은 사건에 문자를 배정하는 것이다. "아침 식사"를 A라고 하고 "피곤하지 않음"을 B라고 하자. P(아침 식사)= P(A)= 1-0.7= 0.3이다. P(아침을 먹었을 때 피곤하지 않음)= P(A가 이미 일어났는데 B가 일어남)= 0.9이다. 따라서 할리마가 아침을 먹고 오후에 피곤하지 않을 확률은 다음과 같다. P(A와 B)= P(A)×P(A가 이미 일어났는데 B가 일어남)= 0.3×0.9= 0.27.

확률 변경하기

163페이지의 예제에서는 구슬을 뽑은 뒤 다시 넣어서 보충하기 때문에 각 사건이 독립적이고 확률에 영향을 끼치지 않는다. 하지만 구슬을 보충하지 않는다면 매번 구슬을 뽑을 때마다 확률이 바뀌고, 따라서 사건들은 종속된다. 예를 들어 10개의 구슬로 시작한다면 확률은 10분의 x가 될 것이다. 하지만 구슬 하나를 뺀다면 다음 구슬을 얻을 확률은 9분의 y가 된다.

8.8 집합과 벤 다이어그램

'집합'은 숫자나 문자 또는 단어의 집단을 뜻한다. 이런 숫자나 문자나 단어는 '원소'라고 부른다. 벤 다이어그램은 원과 사각형을 사용해 집합을 표시하는 방법이다. 이 다이어그램은 데이터를 표시하는 흥미로운 방법이면서 확률을 계산할 때도 유용하게 사용된다. 아래의 그림은 아마도 가장 일반적으로 볼 수 있는 다이어그램일 것이다.

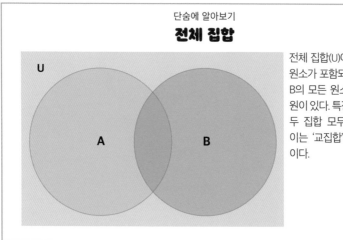

단숨에 알아보기
전체 집합

전체 집합(U)에는 A의 모든 원소가 포함되는 원과 집합 B의 모든 원소가 포함되는 원이 있다. 특정한 원소들은 두 집합 모두에 포함된다. 이는 '교집합'에 포함된 것이다.

집합은 원소의 집단인데 이 경우에는 숫자의 집단을 뜻한다. 집합은 일반적으로 중괄호({}) 안에 목록이나 설명을 적는 방식으로 나타낸다: {1에서 20까지의 짝수} 또는 {2, 3, 5, 7, 11, 13, 17, 19}. 벤 다이어그램을 사용하면 두 개 이상의 집합에서 원소가 겹치는 부분이 있는지 알 수 있다. n(A)은 집합 A의 원소 개수를 뜻한다. 예를 들어 A= {1, 7, 9, 13, 17, 21}이면 n(A)= 6이다. 벤 다이어그램에서 집합은 원소를 포함하는 원으로 그려진다.

토막 상식

전체 집합은 모든 집합의 모든 원소를 포함하는 집합이다. 이것은 직사각형 내의 모든 원소를 포함하며 'U'라고 적는다.

벤 다이어그램을 사용해 확률을 계산할 수도 있다. 예를 들어 학생들에게 수학과 음악을 둘 다 좋아하는지, 또는 좋아하지 않는지 물어본 뒤, 답변을 정리해 아래의 벤 다이어그램에 나타냈다. 얼마나 많은 학생이 각 과목을 좋아하는지 알 수 있으며, 원 밖에 있는 숫자는 두 과목 모두 좋아하지 않는 학생을 나타낸다. 무작위로 한 학생을 뽑아 그 학생이 수학을 좋아할 확률을 계산하기 위해서는 "수학" 원에 포함된 모든 숫자를 더하고 전체 학생 수로 나눠야 한다. 총 학생 수는 벤 다이어그램의 모든 숫자를 더하여 구한다: 13+9+24+4= 50. P(수학을 좋아하는 학생)= (13+9)÷50= $\frac{11}{25}$.

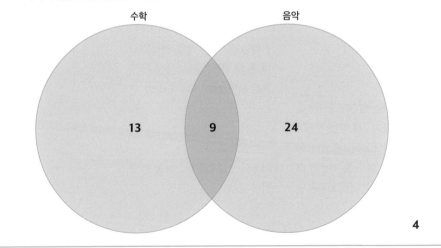

단숨에 알아보기
공식을 적용하는 법
이 벤 다이어그램을 통해 둘 중 수학만 좋아하는 학생이 13명이라는 것과 수학과 음악 둘 모두를 좋아하는 학생이 9명이라는 것, 음악만 좋아하는 학생은 24명이고, 4명은 아무것도 좋아하지 않는다는 것을 알 수 있다.

수학   음악

13   9   24

4

쪽지 시험

1. {1에서 100까지의 숫자 중 제곱수}를 구해보자.

2. 위의 벤 다이어그램을 활용해 음악과 수학을 모두 좋아하는 학생의 확률을 구해보자.

통계와 확률

1. 동전 네 개를 던졌을 때 가능한 경우의 수는 몇 가지일까?

   A. 16   B. 4

   C. 256   D. 12

2. 정육면체 주사위 세 개를 던지면 총 216가지 결과가 나올 수 있다. 세 개 모두 홀수일 확률을 계산해 보자.

   A. 0.5   B. 0.125

   C. 0.25   D. 1.0

3. 상자 안에는 빨간색 공이 1개, 초록색 공이 2개, 주황색 공이 3개, 하얀색 공이 4개 있다. 무작위로 공 한 개를 꺼냈을 때 공이 하얀색이 아닐 확률은 얼마일까?

   A. 0.4   B. 0.1

   C. 0.2   D. 0.6

4. 아치는 주사위를 20번 던지고 해리는 같은 주사위를 200번 던져서 상대빈도를 구하려고 한다. 둘 중 누가 더 정확한 빈도를 얻을 수 있을까?

   A. 아치   B. 해리

5. 동전을 500번 던져서 앞면이 205번 나왔다. 뒷면의 상대빈도는 무엇일까?

   A. 1.00   B. 0.50

   C. 0.59   D. 0.41

6. 공평한 동전 두 개를 던졌을 때 두 개 모두 뒷면이 나올 확률은 무엇일까?

   A. 0.5   B. 0.25

   C. 0.75   D. 1.00

7. 다음의 트리 다이어그램을 완성해 보자.

   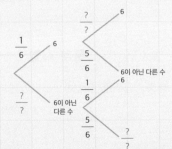

   1번 주사위   2번 주사위

8. 40명의 청소년에게 토요일에 무엇을 했는지 물어보았다. 14명은 축구만 했고, 3명은 축구와 테니스를 했고, 7명은 테니스만 했으며, 나머지는 아무것도 하지 않았다고 한다. 아래의 벤 다이어그램을 완성해 보자.

   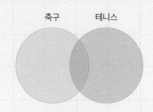

8장

간단 요약

통계와 확률은 어떤 일이 일어날 확률을 계산하는 데 사용된다. 사건이 일어날 확률은 불가능한 것에서부터 확실히 일어나는 것까지 다양하다.

- 확률은 0에 가까울수록 낮은 것이고, 1에 가까울수록 발생 가능성이 큰 것이다.
- 동시에 두 가지 사건이 발생하는 경우, 표본 공간 다이어그램을 사용해 가능한 모든 결과를 알아볼 수 있다.
- 모든 결과 중 사건이 하나라도 발생할 확률은 항상 1이다. 따라서 사건이 발생하지 않을 확률은 1에서 사건이 발생할 확률을 뺀 것이다.
- 확률 실험은 모든 편향을 고려하여 발생하는 결과의 상대빈도와 실험 확률을 계산하는 데 사용된다.
- AND 규칙을 사용해서 두 가지 결과가 모두 발생하는 경우의 확률을 계산한다. OR 규칙은 두 결과 중 하나 이상이 발생할 확률을 계산하기 위해 사용한다.
- 트리 다이어그램은 사건의 조합이 차례로 발생하는 경우, 모든 결과의 확률을 계산하는 데 매우 유용하게 사용된다.
- 조건부 확률은 하나의 결과가 두 번째 결과가 발생할 확률에 영향을 미치는 종속 사건들에 적용된다.
- 벤 다이어그램은 원과 사각형으로 집합을 표시하는 방법이며 확률을 계산하는 데 사용할 수 있다.

9

그래프

때로는 그래프가 수학적 데이터를 표시하는 가장 좋은 방법일 수도 있다. 그래프에는 다양한 유형이 있다. 상황에 따른 최적의 그래프는 선택된 데이터의 유형이나 상관관계에 따라 달라진다. 이번 장에서는 데이터를 표시하는 7가지 방법과 평균, 중앙값, 최빈값을 계산하는 방법을 다룬다.

 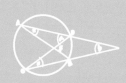

─── 이번 장에서 배우는 것 ───

∨ 데이터를 표로 제시하기   ∨ 산점도

∨ 일정표와 계획표   ∨ 선그래프

∨ 막대그래프   ∨ 원그래프

∨ 픽토그램   ∨ 평균, 중앙값, 최빈값

9.1 데이터를 표로 제시하기

통계에는 수집된 많은 정보와 수치, 자료가 담겨있다. 많은 양의 데이터를 합리적으로 제시하는 방법은 바로 표를 만드는 것이다. 데이터를 길게 나열하거나 글로 적는 것보다는 표를 읽는 편이 훨씬 쉽다.

중요한 것은 표의 제목을 가능한 한 명확하고 논리적으로 설정하는 것이다. 표의 제목은 그 표에 어떤 정보가 담겨있는지 알려준다. 또한 열과 행의 머리글은 각 열과 행의 내용을 나타낸다.

예를 들어 크리스틴은 오전 9시에 일어나서 9시 30분에 아침을 먹고, 오후 12시 45분에 점심을 먹고, 6시 50분에 저녁을 먹은 뒤, 11시에는 잠자리에 든다. 한편 말콤은 오전 7시에 일어나서 오전 7시 30분에 아침을 먹고, 오후 1시 45분에 점심을 먹고, 오후 6시 50분에 저녁을 먹은 뒤, 밤 10시에는 잠자리에 든다. 이 두 문장은 많은 정보를 설명하지만 빠르게 이해하기는 어렵다. 아래의 표는 크리스틴과 말콤에게 행을 제공하고, 활동을 열에 나열하여 정보를 요약한다.

하루 일과		
	크리스틴	말콤
기상 시간	am 9:00	am 7:00
아침 식사 시간	am 9:30	am 7:30
점심 식사 시간	pm 12:45	pm 1:45
저녁 식사 시간	pm 6:50	pm 6:50
취침 시간	pm 11:00	pm 10:00

토막 상식

표는 스포츠 경기에도 자주 사용된다. 사람들은 표를 통해 자신이 좋아하는 팀이나 선수가 경기를 어떻게 진행했는지 쉽게 알아볼 수 있다. 야구에서는 각 팀의 이닝당 안타, 실책, 아웃, 볼, 스트라이크, 득점 수를 표에 나열하여 이해하기 쉽게 제시할 수 있다.

말콤이 몇 시에 자는지 알고 싶으면 먼저 말콤 행으로 간 뒤 취침 시간 열을 찾아 아래로 이동한다. 그 행과 열이 만나는 곳에 답이 있다. 확인한 결과 말콤의 취침 시간은 pm 10:00이다.

표는 데이터를 계산하거나 점수를 기록할 때도 유용하게 사용된다. 아래의 표는 여러 사람이 각자의 마당에서 본 나비의 수를 세고 기록해 총합을 나타낸 것이다.

단숨에 알아보기

점수 기록하기

이름	표기	총합
자라	̶H̶H̶ ̶H̶H̶ ̶H̶H̶ II	17
레카	̶H̶H̶	5
니르	II	2
엔젤스	̶H̶H̶ ̶H̶H̶ IIII	14
케이티	̶H̶H̶ II	7
카렌	IIII	4

총합은 17+5+2+14+7+4= 49이다. 자라의 마당에서 발견된 나비의 수가 케이티의 마당에서 발견된 것보다 얼마나 더 많은지 알기 위해서는 차이를 구하면 된다: 17-7= 10마리.

쪽지 시험

아래의 정보를 해석해 표로 만들어보자.

1. 사라, 제니퍼, 한나는 모두 아침에 수업을 듣는다. 사라는 오전 9시에 영어 수업, 오전 10시에 수학 수업, 오전 11시에 스페인어 수업을 듣는다. 제니퍼도 영어 수업으로 시작하지만, 2~3교시에는 미술 수업을 듣는다. 한나는 오전 9시에 수학 수업으로 시작해 지리 수업과 스페인어 수업을 듣는다. 그리고 세 사람은 모두 오후 12시에 점심을 먹는다.

아침 수업 시간표

	사라	제니퍼	한나
오전 9시			
오전 10시			
오전 11시			
오후 12시			

9.2 일정표와 시간표

일정표나 시간표는 보통 대중교통 일정이나 학교 수업 일정을 나타내기 위해 사용되며, 정확하고 쉽게 읽을 수 있어 유용하다. 일상생활에서 일정표와 시간표를 많이 접했겠지만, 그 안에 포함된 정보에 대해서는 깊이 생각해 보지 않았을 것이다.

버스 시간표를 읽을 때는 각 열과 행이 무엇을 나타내는지 확인해야 버스를 놓치지 않을 수 있다. 일반적으로 위쪽에는 장소 또는 목적지가 적혀 있고, 왼쪽에는 시간이 표시된다. 아래의 버스 시간표에는 상단에 목적지가 표시되고, 그 아래에는 해당 목적지에 도착하는 시간이 표시되어 있다. 각 열은 버스의 여정을 나타낸다. 행을 통해서는 정류장에 도착하는 데 몇 분이 걸리는지 계산할 수 있다. 아래의 예시 중 첫 번째 행에서 버스는 샐리나에서 9:10에 출발해 스프링웰스에 9:14에 도착한다. 따라서 4분이 걸린다는 사실을 알 수 있다.

오른쪽 페이지 예시에서 마리아는 보스턴에 있는 한나를 만나려 한다. 마리아는 뉴욕에서 기차를 타고, 카를로스는 중간에서 합류하기로 했다. 마리아는 오후 6시까지 보스턴에 도착해야 한다. 카를로스는 스탬퍼드에서 합류하는데 오후 1시 전에는

| | | | | 단숨에 알아보기 | | | |
| | | | | **시간표** | | | |
미시건/ 새퍼	샐리나	스프링웰스	리버노이	W 그랜드길	트럼불	로사 파크 환승센터
9:00	9:10	9:14	9:17	9:22	9:28	9:34
9:30	9:40	9:44	9:47	9:52	9:58	10:04
10:00	10:10	10:14	10:47	10:22	10:28	10:34

한 정류장의 버스 시간표. 상단에는 목적지가 쓰여 있고, 그 아래 열에는 시간이 표시되어 있다.

출발할 수 없다. 맨 아래 줄에서 기차가 보스턴에 도착하는 시간을 보면 마리아는 6시 이후에 보스턴에 도착하는 마지막 두 기차는 탈 수 없다. 또한 스탬퍼드 열을 보면 알 수 있듯이 1시 이후에 기차를 탈 수 있는 카를로스는 1시 18분이나 2시 18분에 도착하는 기차만 탈 수 있다. 따라서 마리아는 뉴욕에서 12시 30분 또는 13시 30분에 출발하는 기차를 타야 한다.

기차 시간표

기차역

뉴욕	10:30	11:30	12:30	13:30	14:30	15:30
뉴로셸	11:00	12:00	13:00	14:00	15:00	16:00
스탬퍼드	11:18	12:18	13:18	14:18	15:18	16:18
뉴헤이븐	12:17	13:17	14:17	15:17	16:17	17:17
뉴런던	13:06	14:06	15:06	16:06	17:06	18:06
프로비던스	14:05	15:05	16:05	17:05	18:05	19:05
보스턴	14:58	15:58	16:58	17:58	18:58	19:58

뉴욕에서 출발하는 보스턴행 기차의 시간표.

쪽지 시험

왼쪽 페이지의 버스 시간표를 활용해 문제를 풀어보자.

1. 브라이언은 미시건/새퍼에서 버스를 타 28분 뒤에 내렸다. 브라이언이 내린 곳은 어디일까?

   A. 샐리나　　　　　B. 스프링웰스

   C. W 그랜드길　　　D. 트럼불

2. 샐리나에서 로사 파크 환승센터까지의 소요 시간은 몇 분일까?

   A. 4분　B. 7분　C. 24분　D. 30분

위의 뉴욕-보스턴의 기차 시간표를 활용해 문제를 풀어보자.

3. 존이 16:58에 보스턴에 도착했다면 뉴욕에서 몇 시 기차를 탔을까?

   A. 10:30　　　B. 12:30

   C. 14:30　　　D. 15:30

4. 스탬퍼드에서 뉴런던까지는 얼마나 걸릴까?

   A. 1시간 36분　B. 48분

   C. 1시간　　　D. 1시간 48분

9.3 막대그래프

그래프는 데이터를 더 쉽게 비교할 수 있도록 돕는다. 막대그래프에서 막대의 높이는 각 항목의 개수를 나타낸다. 막대그래프는 그리는 것도 읽는 것도 어렵지 않다. 다만 그래프의 내용을 정확하게 요약하는 제목이 있어야 하며, 그래프의 항목을 정확하게 지정하고 확인하는 것이 매우 중요하다.

학생들이 가장 좋아하는 색	
색	학생의 수
빨강	4
주황	3
노랑	0
초록	7
파랑	10
보라	6

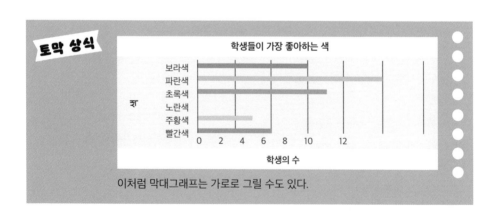

토막 상식

이처럼 막대그래프는 가로로 그릴 수도 있다.

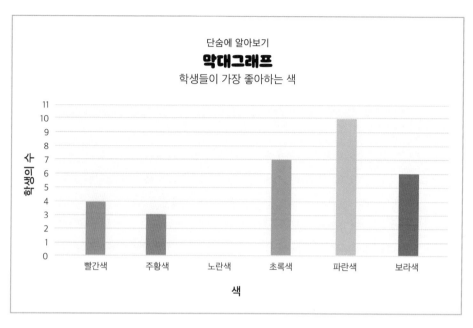

단숨에 알아보기

막대그래프
학생들이 가장 좋아하는 색

막대그래프는 정보를 쉽게 읽을 수 있도록 표시하는 방법이다. 왼쪽 페이지의 표를 통해 학생들이 무슨 색을 좋아하는지 확인할 수 있다. 그러나 위의 막대그래프에서는 같은 데이터가 다른 형식으로 표현된다. 그래프 하단에는 빨간색, 주황색, 파란색 등의 색이 나열되어 있고, 왼쪽에는 해당 색상을 선택한 빈도, 즉 학생의 수가 표시된다. 얼마나 많은 학생이 파란색을 좋아하는지 알아보려면 아래에서 파란색을 찾은 뒤 왼쪽에서 숫자를 찾으면 된다. 그렇게 확인한 파란색 막대의 높이는 10이다. 즉 10명의 학생이 파란색을 가장 좋아한다고 답했다.

쪽지 시험

1. 노란색을 가장 좋아하는 학생은 몇 명일까?
   A. 4   B. 7   C. 0   D. 6
2. 가장 많은 학생이 좋아한 색깔은 무엇일까?
   A. 빨강 B. 파랑 C. 초록 D. 보라
3. 학생 세 명이 고른 색은 무엇일까?
   A. 주황 B. 노랑 C. 보라 D. 빨강

9.4 픽토그램

픽토그램은 특정한 항목의 개수를 나타내기 위해 사용된다. 픽토그램으로 내용을 설명하려면 읽는 이가 그림이 의미하는 바와 그것의 개수를 납득할 수 있어야 한다. 또한 숫자를 나눌 인수를 알아야 하므로 기본적인 곱셈 능력을 갖추어야 한다.

픽토그램을 읽을 때는 참고사항에 주목해야 한다. 이것을 읽어야 그림이 무엇을 뜻하는지 알 수 있다. 또한 이는 표의 곱셈 비율을 나타낸다. 만약 그림 1개가 실제 개수 6개를 나타낸다면 그림의 개수에 6을 곱해 실제 값을 알 수 있다. 아래의 예시에서는 공룡 그림 하나당 50개의 공룡 화석이 발견되었다는 것을 뜻한다. 만약 호주에서 발견된 공룡 화석의 개수를 알고 싶다면 공룡 그림의 개수(2)에 50을 곱하면 된다. 따라서 호주에서 100개의 공룡 화석이 발견되었다는 사실을 알 수 있다. 스페인 항목에는 2.5개의 공룡 그림이 있으므로 50에 2.5를 곱해 125라는 값을 구할 수 있다.

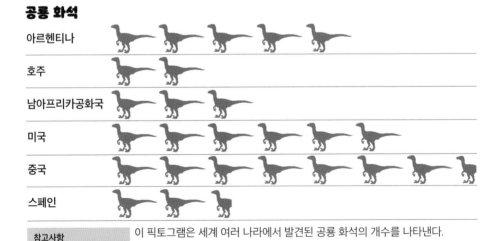

공룡 화석

아르헨티나	
호주	
남아프리카공화국	
미국	
중국	
스페인	

참고사항	이 픽토그램은 세계 여러 나라에서 발견된 공룡 화석의 개수를 나타낸다.
= 공룡 화석 50개	

토막 상식 픽토그램에서 그림 하나의 가치가 20이면, 그림의 절반은 20의 절반, 즉 10이어야 한다. 4분의 1개의 그림이 있으면 20의 $\frac{1}{4}$, 즉 5라는 뜻이다. 이 경우 $\frac{3}{4}$은 15이다.

데이터 변환하기

년도	호박의 개수
2015	30
2016	45
2017	60
2018	50
2019	55

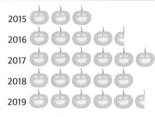

2015
2016
2017
2018
2019

※ 참고사항 🎃 = 호박 10개

이 픽토그램은 매년 핼러윈에 본 잭오랜턴의 개수를 나타낸다.

쪽지 시험

왼쪽 페이지의 공룡 화석 픽토그램을 활용해 다음 문제를 풀어보자.

1. 미국에서 발견된 화석의 개수는 몇 개일까?

   A. 6 B. 300 C. 60 D. 120

2. 중국에서 발견된 화석의 개수는 몇 개일까?

   A. 375 B. 300 C. 7.5 D. 75

3. 캐나다에서는 화석이 200개 발견되었다고 한다. 이것을 픽토그램으로 나타내려면 어떻게 해야 할까?

호박 픽토그램을 사용해 다음의 문제를 풀어보자.

4. 데이비드는 2019년에 몇 개의 잭오랜턴을 보았을까?

   A. 550 B. 5.5 C. 55 D. 5

데이터를 픽토그램으로 변환하려면 먼저 적절한 그림과 요약 기준을 선택하여 하나의 사진이나 그림이 몇 개를 나타내는지 먼저 보여주어야 한다. 요약 기준을 정할 때에는 가진 데이터에 쉽게 대입할 수 있는 수를 선택하는 것이 좋다.

예시를 살펴보자. 매년 핼러윈이 되면 몇몇 가정에서는 잭오랜턴으로 주변을 장식한다. 데이비드는 매년 잭오랜턴의 개수가 다른 것 같다는 생각이 들어 해마다 자신이 본 잭오랜턴의 개수를 세어보기로 했다. 이 데이터에서 호박 그림 1개는 실제 잭오랜턴 10개를 뜻한다. 2016년에는 45개의 잭오랜턴을 볼 수 있었다. 이때 5는 10의 배수는 아니지만, 호박 그림을 반으로 나누는 것으로 호박 5개를 나타낼 수 있다.

9.5 산점도

'산점도'는 두 가지 변수 사이에 연결 또는 관계가 있는지 확인하는 데 사용된다. '산포도'는 두 가지가 어느 정도 관련되어 있는지 또는 전혀 관련이 없는지를 보여준다. 두 변수가 관련되어 있으면 '상관관계가 있다'고 한다. 두 변수 사이에 상관관계가 있는 경우, 그래프상의 점 대부분이 직선 위에 있거나 그 주변에 있어야 한다.

상관관계에는 양수, 음수, 없음(0) 세 가지 종류가 있다. 양의 상관관계는 한 변수가 증가하면 다른 변수도 증가하는 것이다. 음의 상관관계에서 한 변수가 증가하면 다른 변수는 감소한다. 상관관계가 없다면 그래프 전체에 점들이 무작위로 표시된다. 즉 한 변수가 증가하더라도 다른 변수와는 관계가 없다.

또한 상관관계 중에는 강한 것이 있고 약한 것이 있다. 점이 직선에 가깝게 분포되어 있는 경우는 '상관관계가 강하다'고 한다. 점들이 선에 가깝지는 않지만, 상관

토막 상식

상관관계는 인과관계를 의미하지 않는다. 두 값 사이에 상관관계가 있다고 해서 꼭 하나가 다른 것에 영향을 미친다는 것은 아니다. 예를 들어 미국 메인주의 이혼율은 미국에서 소비되는 마가린의 양과 밀접하게 관련되어 있다. 그러나 이 중 한 가지 요인이 다른 하나를 발생시키거나 영향을 미치지는 않는다. 만약 그렇지 않다면 이혼의 원인은 곧 마가린이 되고 말 것이다.

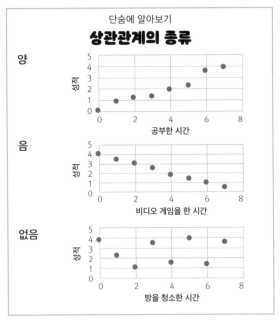

관계를 가지는 경우는 '상관관계가 약하다'고 한다. 상관관계의 강도는 선을 만드는 점들이 얼마나 많이 있고, 또 얼마나 선에 가까운지에 달려있다.

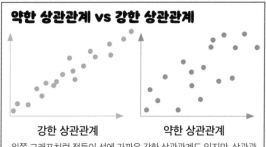

약한 상관관계 vs 강한 상관관계

강한 상관관계   약한 상관관계

왼쪽 그래프처럼 점들이 선에 가까운 강한 상관관계도 있지만, 상관관계는 있으나 점들이 선에서 멀리 떨어진 약한 상관관계도 존재한다.

예를 들어 기온과 해변 방문자 수의 관계를 살펴보자. 그래프에서 볼 수 있듯이 온도가 높을수록 사람들이 증가한다. 이 데이터는 날이 따뜻해지면 더 많은 사람들이 해변에 방문한다는 것을 의미하며, 실제로도 그렇다.

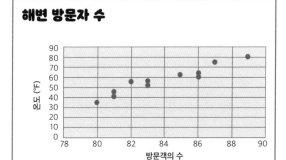

해변 방문자 수

산점도를 통해서 일 평균 온도와 해변 방문객 수의 상관관계를 알아볼 수 있다. 이 두 변수는 강한 양의 상관관계를 가진다.

쪽지 시험

1. 한 변수가 증가했을 때 다른 변수도 증가한다면 두 변수 사이에는 어떤 상관관계가 있을까?

    A. 양   B. 음   C. 없음

기온 상승과 코트 구매율의 상관관계

2. 오른쪽 그래프의 산점도는 어떤 종류의 관계를 나타낼까?

    A. 양   B. 음   C. 없음

3. 위 그래프의 상관관계는 _____.

    A. 강하다   B. 약하다

9.6 선그래프

선그래프는 막대 대신 선을 사용해 데이터를 나타낸다. 그래프는 부드러운 선일 수도 있고 여러 점을 연결하는 선일 수도 있다. 선그래프의 선은 막대그래프에서 막대 꼭대기에 해당하는 곳을 지나가기 때문에 사실 막대그래프와 같은 내용을 담고 있다. 이러한 유형의 그래프는 시간이나 거리에 따라 상황이 어떻게 변할 수 있는지를 효과적으로 보여준다.

선그래프는 추세 변화를 보여주는 명확한 방법이다. 또한 두 데이터를 비교하는 데도 사용된다. 예를 들어 로즈는 캔자스시티와 세인트폴이라는 두 도시의 1년간 온도 변화를 비교하려 한다. 로즈는 정보를 더욱 효과적으로 표시하기 위해 선그래프를 그렸다. 이를 통해 6월에는 두 도시의 월 평균 온도가 비슷하지만, 나머지 기간에는 캔자스시티가 세인트폴보다 훨씬 따뜻하다는 사실을 명확하게 알 수 있었다.

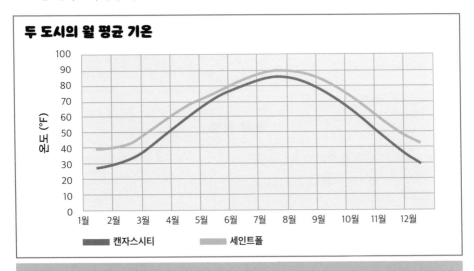

단숨에 알아보기

속도 변화

이 그래프는 제레미가 운전하는 차의 속도를 10분 간격으로 나타낸 것이다.

중요한 지점들

때로는 점들을 매끄러운 선이 아니라 하나씩 연결하여 표시하는 것이 좋다. 예를 들어 제레미는 1시간 거리에 있는 할아버지댁에 방문했고, 그 과정에서 교외와 시내 중심가, 시골 도로를 각기 다른 속도로 운전했다. 그는 10분마다 차량의 속도를 기록한 뒤, 선그래프에 데이터를 표시했다. 이 점들을 결합하면 제레미의 여정이 시간이 지남에 따라 어떻게 변했는지, 예를 들어 그가 가장 빨리 운전한 지역은 어디인지, 도심으로 갈 때의 속도 변화는 어떤지 등의 정보들을 제공한다. 이렇게 점을 연결한 선 그래프는 여행의 주요 포인트를 표시하는 데 매우 적합하다.

쪽지 시험

왼쪽 페이지의 두 도시의 월평균 기온 그래프를 사용해 문제를 풀어보자.

1. 2월에는 두 도시 중 어떤 도시의 평균 최고 온도가 더 높았을까?

   A. 캔자스시티   B. 세인트폴

2. 세인트폴의 최고 온도가 60°F 이하로 떨어지지 않은 달은 언제인가?

   A. 3월   B. 9월   C. 11월   D. 1월

왼쪽의 여행 속도 그래프를 보고 문제를 풀어보자.

3. 제레미는 운전을 시작한 지 몇 분 만에 60km/h로 운전했을까?

   A. 10분   B. 30분

   C. 50분   D. 60분

4. 제레미는 운전을 시작한 지 30분 후에 속도를 올렸다. 당시 그는 어느 정도의 속도로 운전하고 있었을까?

   A. 20km/h   B. 30km/h

   C. 40km/h   D. 50km/h

9.7 원그래프

원 그래프는 전체의 비율을 표시하는 데 사용된다. 이 그래프는 조각으로 나누어진 파이처럼 보이며, 조각의 크기는 전체의 비율에 비례한다. 모든 원그래프는 전체 조각을 더했을 때 1이 되어야 하고, 백분율을 사용하는 경우에는 모든 값을 더한 값이 100이 되어야 한다.

정확한 값이 제공되지 않는 상황에서 원그래프를 해석하려면 각 특정 색상이 전체에서 차지하는 비율을 판단해야 한다. 예를 들어 베스는 여름 방학 첫 주를 비디오 게임하고, 밖에서 놀고, 먹고, 책을 읽으며 보냈다. 베스의 하루 일정은 아래의 원그래프에 표시된 것과 같다. '잠자기' 부분이 전체의 거의 절반을 차지한다는 것은 베스가 하루 중 절반 가까운 시간을 잠을 자는 데 사용했다는 것을 뜻한다. 주황색 부분은 그래프의 4분의 1을 차지한다. 즉 베스는 하루 중 약 4분의 1을 비디오 게임하면서 보냈다. 가장 작은 부분은 '책 읽기'인데 이로 미루어 베스는 독서를 그다지 많이 하지 않는다는 사실을 알 수 있다.

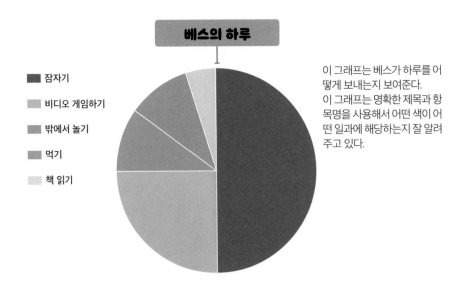

베스의 하루

- ■ 잠자기
- ■ 비디오 게임하기
- ■ 밖에서 놀기
- ■ 먹기
- ■ 책 읽기

이 그래프는 베스가 하루를 어떻게 보내는지 보여준다. 이 그래프는 명확한 제목과 항목명을 사용해서 어떤 색이 어떤 일과에 해당하는지 잘 알려주고 있다.

추측하기

전체 값을 알면 각 부분의 값을 추측할 수 있다. 오른쪽의 예시는 리시가 2,000달러를 사용해 침실을 꾸밀 때 사용한 내역을 나타낸 것이다. 리시는 새 가구와 페인트, 바닥재, 침구, 액세서리, 커튼을 구매했다. 원그래프는 리시가 지출한 금액을 각 조각으로 나누어 보여준다. 참고사항을 보면 주황색은 리시가 가구에 사용한 금액을 나타내는데, 이는 원그래프의 거의 절반에 해당한다. 따라서 리시는 2,000달러의 절반인 1,000달러 정도를 가구 구매에 사용했다. 물론 이것은 정확한 값이 아닌 추측한 금액이라는 것을 잊지 말자.

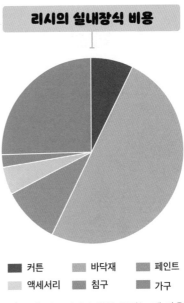

리시의 실내장식 비용

■ 커튼   ▨ 바닥재   ▨ 페인트
▨ 액세서리   ▨ 침구   ■ 가구

이 그래프는 리시가 방을 꾸미는 데 사용한 2,000달러의 세부 내역을 나타낸다.

쪽지 시험

왼쪽 페이지에 있는 베스의 하루 그래프를 활용해 문제를 풀어보자.

1. 베스는 하루 중 대략 몇 시간을 비디오 게임하는 데 사용했을까?

   A. 6시간 B. 10시간 C. 12시간 D. 4시간

2. 베스는 __ 하는 데에 밖에서 노는 시간만큼을 할애한다. 이 활동은 무엇일까?

   A. 잠자기   B. 비디오 게임

   C.식사   D. 책 읽기

위의 리시의 실내장식 비용 그래프를 활용해 문제를 풀어보자.

3. 원그래프 중 약 4분의 1은 초록색이다. 리시는 바닥재를 구매하는 데 얼마 정도를 사용했을까?

   A. 2,000달러   B. 500달러

   C. 400달러   D. 1,000달러

4. 리시가 돈을 가장 적게 쓴 항목은 무엇일까?

   A. 커튼   B. 페인트

   C. 액세서리   D. 침구

9.8 평균: 중앙값, 최빈값, 산술적 평균

보통 평균이라고 하는 것은 산술적인 평균을 뜻한다. 하지만 평균에는 세 종류가 있다. 바로 중앙값, 최빈값, 산술적 평균이다. 중앙값과 최빈값은 비교적 식별하기 쉽지만, 산술적 평균을 찾으려면 계산을 해야 한다.

중앙값

중앙값은 모든 데이터가 오름차순(낮은 것에서 가장 높은 것)으로 순위가 매겨졌을 때의 중간 숫자이다. 데이터의 순위를 매기고 목록 중간에 있는 수를 선택하는 것이

단숨에 알아보기
학생들의 평균 나이

옆	11	13	12	10	13

옆	9	14	14	14	10

산술적 평균 = 12세	중앙값 = 12.5세	최빈값 = 14세

이처럼 가라테 학생들의 평균 나이를 계산하더라도 평균의 종류에 따라 답이 달라진다.

평균을 구하는 공식

$$평균 = \frac{모든\ 수의\ 합}{수의\ 개수}$$

아니다. 중간값이 두 수 사이에 있으면 그 수들의 중간 지점을 취한다.

예를 들어 한 강사가 가라테 수업에 등록한 학생들의 평균 나이를 파악하려고 한다. 수업에 참여하는 학생들의 나이는 각각 11살, 13살, 12살, 10살, 13살, 9살, 14살, 14살, 14살, 10살이다. 먼저 이를 오름차순으로 정리하면 9, 10, 10, 11, 12, 13, 13, 14, 14, 14이다. 이 숫자들의 중간 지점은 5번째와 6번째 숫자 사이, 즉 12와 13 사이이므로 12.5이다. 따라서 중앙값은 12.5세이다.

최빈값

최빈값은 가장 많이 반복되는 데이터의 값이다. 데이터가 많은 경우 표를 만들어서 누락된 것이 없는지 확인하는 것이 좋다(이는 중앙값에도 적용된다). 위의 예시를 살펴보면 10세 학생은 2명, 13세 학생은 2명, 14세 학생은 3명이다. 가장 학생수가 많은 나잇대는 14세이다. 때문에 최빈값은 14이다.

산술적 평균

산술적 평균은 모든 수의 합을 항목의 개수로 나눈 것이다. 평균 나이를 구하려면 먼저 모든 나이를 더하여 합계를 구한다: 11+13+12+10+13+9+14+14+14+10=120. 그리고 총 학생 수(10명)로 이것을 나눈다: 120÷10= 12. 따라서 가라테 수업 수강생들의 평균 나이는 12세이다.

평균을 구했다면 이 중 무엇을 구한 것인지 구분해 보자.
중앙값은 모든 수의 중간에 있는 값이고, 최빈값은 가장 많이 나타난 값이다. 평균은 이 중 계산 과정이 가장 복잡하며, 이를 구하기 위해서는 비교적 번거로운 과정을 거쳐야 할 수도 있다.

쪽지 시험

15일간 매일 온도를 측정했으며(℃), 그 값은 다음과 같다.

24, 24, 27, 24, 29, 24, 25, 25, 23, 27, 23, 24, 25, 28, 25

1. 온도를 오름차순으로 정렬해 보자.
2. 온도의 중앙값을 구해보자.
3. 온도의 최빈값을 구해보자.
4. 온도의 산술적 평균을 계산해 보자.

퀴즈

그래프

1. 다음의 표는 유니언역에서 덴버공항으로 가는 아침 기차의 시간표이다.

유니언역	38번가& 블레이크가	40번가& 콜로라도길	센트럴파크역	페오리아역	40번 애브뉴	61번가 & 페나길	덴버공항역
7:30	7:34	7:39	7:43	7:46	7:52	7:55	8:07
7:45	7:49	7:54	7:58	8:01	8:07	8:10	8:22
8:00	8:04	8:09	8:13	8:16	8:22	8:25	8:37
8:15	8:19	8:24	8:28	8:31	8:37	8:40	8:52

a. 유니언역에서 61번가&페나길까지는 얼마나 걸릴까?

b. 폴은 am 8:09에 40번가&콜로라도길에서 기차를 탔다. 그는 몇 시에 덴버공항에 도착할까?

2. 다음의 정보를 픽토그램으로 나타내보자.

월요일에는 사과 16개를 팔았고, 화요일에는 12개를 팔았다. 수요일에는 4개를 팔았고, 목요일에는 10개, 금요일에는 24개를 팔았다.

※ 참고사항 🍎 = 사과 4개

월요일 🍎🍎🍎🍎
화요일
수요일
목요일
금요일

3. 트레이시는 1년간 세 도시의 일 평균 온도를 기록해왔다. 이제 그래프를 사용해 세 도시의 온도 변화를 나타내고자 한다. 어떤 종류의 그래프가 가장 적합할까?

A. 원그래프
B. 픽토그램
C. 선그래프
D. 막대그래프

4. 한 고양이가 10마리의 새끼 고양이를 낳았다. 이 새끼 고양이들의 무게는 다음과 같다.

114g, 114g, 85g, 226g, 140g, 198g, 114g, 226g, 140g, 226g

a. 새끼 고양이 무게의 최빈값을 구해보자.

b. 새끼 고양이 무게의 중앙값을 구해보자.

c. 새끼 고양이 무게의 산술적 평균을 구해보자.

9장

간단 요약

때때로 수학적 데이터를 표시하는 방법 중 가장 좋은 것은 그래프를 그리는 것이다. 그래프에는 다양한 종류가 있으므로 데이터의 유형과 상관관계에 따라 적절한 그래프를 선택해야 한다.

- 표는 긴 데이터 목록이나 문장으로 쓰인 정보보다 읽기 쉽다.
- 시간표를 읽을 때는 각 열과 행이 무엇을 의미하는지 확인해야 한다.
- 막대그래프는 요약된 데이터를 보여준다. 막대의 높이는 특정 항목이 몇 개나 있는지를 알려준다.
- 픽토그램은 그림을 사용하여 특정 항목의 수를 나타낸다.
- 산점도는 변수끼리 관계된 정도, 또는 관련 유무를 보여준다.
- 상관관계에는 양의 관계, 음의 관계, 관계 없음 세 가지 유형이 있다.
- 선그래프는 이전의 점보다 크거나 작은지 여부와 추세가 있는지를 명확하게 표시하는 방법이며, 두 데이터 그룹을 비교하는 데 사용된다.
- 정확한 양이 제시되지 않은 상황에서 원그래프를 읽으려면 각 색상이 전체에서 차지하는 비율이 얼마나 되는지 판단해야 한다.
- 평균에는 세 가지 종류(중앙값, 최빈값, 산술적 평균)가 있다. 각각은 서로 다른 것에서 영향을 받으며 여러 가지 특정한 상황에 적합하다.

10

수학의 기원과 활용

수학은 학교에서 공부할 과목으로만 존재하는 것이 아니라 우리 주변 세계를 형성하는 기반이다. 우리가 오늘날 공부하는 수학의 역사는 전 세계 곳곳에서 이어져 온 것이며, 보편적이다. 이번 장에서는 수학의 역사와 오늘날 수학의 다양한 활용 방식을 다룰 것이다.

 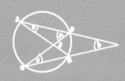

이번 장에서 배우는 것

∨ 수학의 역사

∨ 오늘날의 수학

∨ 문제 해결 능력

∨ 보편 언어

∨ 기호와 개념

∨ 컴퓨터, 과학, 자연에서의 수학

|10.1 수학의 역사

오늘날 우리가 사용하는 수학에는 아주 긴 역사가 있다. 선사 시대에서 고대 문명으로, 마법에서 논리로 발전하는 과정에서 수많은 것들이 발견되고 개선되어 왔다. 우리는 현대 수학을 당연하게 여기지만, 0이 계산에 사용되지 않고, 넓이와 부피를 계산하는 공식이 없던 시절도 있었다.

가장 오래된 수학의 사례는 아프리카에서 발견된 레봄보 뼈Lebombo bone를 보면 알 수 있다. 이는 약 30,000년 전의 유물로 이를 보면 당시 인류가 뼈에 표시를 새겨 수를 세고 합을 구했다는 사실을 알 수 있다. 뿐만 아니라 이상고의 뼈Ishango bone(약 20,000년 전 유물)라는 유물의 기둥에는 홈이 새겨져 있는데, 이것은 당시 인류가 덧셈을 이해하고 있었다는 사실을 의미한다. 문명이 발달함에 따라 인류는 토지의 면적이나 세금을 계산하기 위해 더 복잡한 수학을 필요로 하게 되었다.

레봄보 뼈

새겨진 표식들

몇몇 고대 유물에는 표식이 새겨져 있다. 이는 당시 사람들이 표식을 사용해 수를 셀 수 있었고, 심지어는 소수를 이해하고 있었다는 것을 의미한다.

수메르인들은 큰 숫자를 더 쉽게 설명하기 위해 숫자나 대상을 그룹화하는 방법을 개발했다. 그들은 60초를 1분으로, 60분을 1시간으로 정해서 오늘날에도 사용되는 60진법을 도입했다. 또한 고대 이집트인들은 기본적인 10진법을 도입했다(기원전 3000년경).

 과거에 숫자 0은 숫자가 아니라 단지 자리를 표시하는 기호로 사용되었다. 하지만 인도의 수학자 브라마굽타Brahmagupta가 7세기에 0을 숫자로 다루는 규칙을 확립했다.

초기의 개척자들

고대 그리스 수학은 기하학에 중점을 두었다. 그리스 수학자 피타고라스Pythagoras가 기원전 500년에 정의한 직각 삼각형에 대한 정리는 오늘날에도 사용되고 있다. 피타고라스, 테아노Theano, 플라톤Plato, 아리스토텔레스Aristotle는 모두 '증명'이라는 개념에 기여했다. 여기에서 말하는 증명이란 이성과 논리를 사용하여 아이디어나 정리를 증명하거나 반증하는 연역적 방법이다. 이들이 활동하던 때부터 수학이 마법과 미신을 밀어내고 자리를 차지했다.

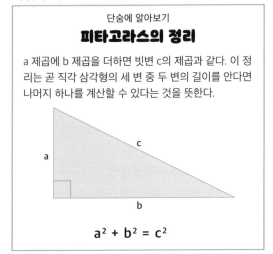

단숨에 알아보기
피타고라스의 정리

a 제곱에 b 제곱을 더하면 빗변 c의 제곱과 같다. 이 정리는 곧 직각 삼각형의 세 변 중 두 변의 길이를 안다면 나머지 하나를 계산할 수 있다는 것을 뜻한다.

$$a^2 + b^2 = c^2$$

다양한 문명이 발생하고 몰락한 수백 년 동안 많은 진전이 이루어지지는 않았다. 하지만 서기 8세기 이슬람 제국은 건물에 복잡한 기하학적 패턴을 사용하여 수학을 예술에 활용하는 수준으로 끌어올렸다. 또한 그들은 평면에 그릴 수 있는 온갖 종류의 대칭 패턴을 발견했다. 유명한 이슬람 수학자인 알 콰리즈미Al-Khwarizmi는 대수 방정식의 해를 구하는 방법을 개발했고, 이것은 오늘날 쓰이는 수학적 언어로 이어졌다.

10.2 현대의 수학

수학은 어디에나 있다. 현대 사회에서 수학은 일상생활과 깊이 관련되어 있고 매우 중요하다. 특히 수학은 단순 계산이나 시간, 예산, 재정은 물론 요리와 일상적인 문제를 해결하는 데에도 유용하다.

우리의 일상을 조금만 관찰해도 수학이 셀 수 없이 많이 사용된다는 것을 알수 있다.

우리가 수학을 사용하는 가장 분명하고 중요한 방법은 기본 산술이다. 온종일 덧셈이나 뺄셈과 같이 기본적인 계산을 활용 하지만 우리는 그것을 특별하게 생각하지 않는다. 하지만 여전히 이러한 계산 또한 우리가 어렸을 때부터 배워온 수학이다. 수학은 매우 유용한 기술이며 암산은 특히나 더 유용하다.

수학은 돈이나 재정을 다룰 때에도 도움이 될 수 있다. 이전 장에서 다루었듯이 지급해야 할 총액이나 세금을 계산하는 것과 같이 돈을 다루는 수많은 문제를 해결하기 위해서는 백분율과 소수, 분수를 사용할 줄 알아야 한다. 또한 이자를 계산하는 방법은 어디에 투자해야 이득인지 알아보는

숫자 없이 살 수 있을까? 숫자가 없다면 어떻게 수량, 시간, 비율, 측정에 관해 이야기 나눌 수 있을까? 숫자와 계산은 우리 삶의 거의 모든 부분에 사용된다. 조금만 둘러보아도 수학이 온종일 아주 많은 방법으로 사용된다는 사실을 알게 될 것이다.

1. 돈을 다룰 때에는 수학의 어떤 주제를 이해 하는 것이 도움될까?
   A. 입체도형 B. 백분율
   C. 전개도 D. 트리 다이어그램

2. 일상생활에서 가장 많이 쓰이는 수학의 종류는 무엇일까?
   A. 항을 간소화하기 B. 인수분해
   C. 기본 산술 D. 패턴과 수열

데 도움이 된다. 은행은 종종 금리를 바꾸고 다양한 보너스와 함께 저축계좌를 제안 하기 때문에 복리를 이해할 줄 아는 것이 도움이 된다.

공부해야 할 시간

또한 수학은 시간과 연관이 깊다. 시간에 대해 전혀 배우지 않고도 시계를 보거나 이해할 수 있는 사람은 거의 없을 것이다. 우리는 하루에도 몇 번이나 시계를 본다. 등교 전에 버스 시간이 여유로운지 따져보려면 시간을 이해할 수 있어야 한다. 이처럼 우리의 하루는 시간으로 구성된다.

제빵과 요리에도 수학적 능력이 필요하다. 미터법과 파운드법 등의 단위 환산법을 알면 세계 곳곳의 레시피를 이해할 수 있고, 비율을 활용해 만드는 양에 따라 재료를 늘리거나 줄일 수 있다.

단숨에 알아보기

재료를 변환하기

쿠키 10개를 만들기 위한 재료 비율

	미터법	파운드법
계란	1개	1개
밀가루	250g	8.8oz
설탕	200g	7oz
버터	100g	3.5oz

측정값을 다른 단위로 환산하면 여러 국가의 다양한 레시피를 활용할 수 있다.

|10.3 문제 해결 능력

학생이라면 "수학을 왜 해야 하나요?"라는 불만이 생길 수도 있다. 수학을 연습하고 배우는 것은 문제 분석 능력을 향상 시키는 데 도움이 된다. 비판적으로 생각하고 문제를 분석할 수 있는 능력은 삶의 핵심 기술이며, 이것은 직장에서도 마찬가지이다. 이것은 곧 문제를 해결하고 해결책을 식별하는 데 유용한 추론 기술로 이어진다.

길을 건너는 것은 간단하지만, 이것 역시 문제 해결의 예시이다. 길을 건너기 위해서는 차의 속도와 걸어야 하는 거리를 인식하고, 결론적으로 무사히 건널 수 있을지 결정해야 한다.

수학을 통해 배울 수 있는 핵심 기술 중 하나는 체계적으로 작업하는 것이다. 문제와 관련된 정보를 식별하는 방법을 배운 다음에는 단계별로 그 문제를 해결한다. 예를 들어 사칙연산의 규칙을 배우고 연습하면 문제에 착수하기 전에 먼저 해결할 부분을 식별할 수 있다. 체계적으로 작업하면 실수할 가능성이 줄어든다.

일상생활을 하다 보면 데이터를 분석하고 결론 지어야 하는 문제에 직면하게 된다. 예를 들어 데이지는 길을 건너려고 한다. 길을 건너가기 위해서 그녀는 도로 위의 차들이 어떤 속도로 이동하고 있는지 대략 계산할 수 있어야 하고, 자신이 걸어 문제 해결에는 RIDE 방법이 널리 사용된다. **R**ead: 문제를 올바르게 읽는다. **I**dentify: 관련된 정보를 식별한다. **D**etermine: 답의 연산, 계산 및 단위를 결정한다. **E**nter: 올바른 항을 입력해서 계산한다.

야 할 거리와 걷는 데 걸리는 시간을 계산할 수 있어야 한다. 물론 반드시 정확한 값을 내야 하는 것은 아니고, 차에 치이지 않고 길을 건널 확률에 대해 대략 추론하는 과정을 거쳐야 한다.

문제를 반드시 계산으로 해결해야 하는 것은 아니다. 문제 해결 능력이란 가능성이나 양 추정에 관한 것이다. 예를 들어 외출하기 전 우산을 챙겨야 하는 날씨인지 확인하고 결정하는 것도 문제 해결이다. 우리는 일기 예보를 통해 비가 올 가능성을 알 수 있다. 확률과 우연을 이해하지 못하는 사람은 나갈 때 우산을 들고 나가야 할지 올바르게 결정할 수 없다. 이것은 비교적 간단한 예시이지만 정보를 효과적으로 사용하고 잠재적인 문제를 해결하는 것이 어떻게 일상생활에 도움이 되는지 보여준다.

평가하기

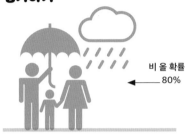

비 올 확률
80%

수학을 배우면 유용한 정보를 식별하는 데 도움이 된다. 지금 비가 오고 있지는 않지만 오늘중 언젠가 비가 올 확률이 높다면 우산을 가지고 나가는 것이 좋다.

쪽지 시험

아래의 문제들을 통해 문제 해결 기술을 연습해 보자.

1. 다음 중 화성행 로켓에 탑승하려는 우주비행사에게 유용하지 않은 정보는 무엇일까?

   A. 거리　　　　　B. 속도
   C. 각도 또는 궤적　D. 목성의 날씨

2. 일기 예보에 따르면 오늘 비가 올 확률은 90%이다. 나갈 때 우산을 가지고 나가야 할까?

   A. 그렇다.　　B. 그렇지 않다.

3. 줄리아는 1시간 후에 외출해야 하며, 외출 전에는 다음의 일을 마무리해야 한다.

   > 아침 식사: 약 30분 소요,
   > 양치질: 5분 소요
   > 머리 손질: 10분 소요
   > 옷 입기: 20분 소요

   1시간 안에 모두 끝낼 수 있을까?

   A. 그렇다　B. 그렇지 않다

|10.4 보편적 언어

수학은 개념을 전달하기 위해 특정 어휘와 문법을 사용하므로 언어라고 볼 수 있다. 수학은 전 세계 어딜 가든 통한다. 따라서 보편적인 언어의 역할을 할 수 있다. 보편적인 수학 공식은 주변에 다른 언어일지라도 의미는 똑같이 유지된다.

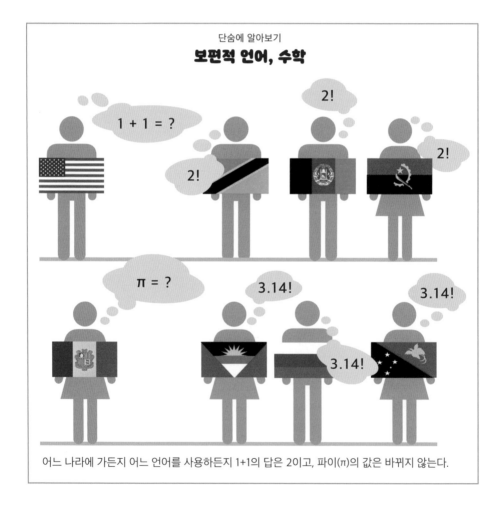

어느 나라에 가든지 어느 언어를 사용하든지 1+1의 답은 2이고, 파이(π)의 값은 바뀌지 않는다.

수학이 언어라는 말을 들어본 적 있는가? 물론 들어본 적이 없을 수도 있지만 실제로 수학은 언어이다. 언어는 다양한 내용을 전달하기 위해 사용되는 단어와 문자의 모음이다. 수학은 의미를 가진 기호를 사용하고, 일종의 문법 규칙을 사용한다. 예를 들어 나누기(÷)는 어떤 수에 다른 수가 몇 번 들어가는지 확인하는 것이다. 수학에는 숫자와 분수, 다항식, 공식, 원주율 같은 특정 명사들이 포함된다. 또한 나눗셈, 곱셈, 제곱, 덧셈 등 특정 의미를 가진 동사들이 포함된다.

국제적으로 통용되는 규칙들

또한 수학을 수행할 때 준수해야 하는 특정한 국제 규칙이 있다. 예를 들어 수식은 항상 왼쪽에서 오른쪽으로 읽고, 계산은 규칙(사칙연산 규칙을 떠올려 보자)에 따라 수행해야 한다. 라틴 알파벳은 x나 y와 같은 변수에 사용되고, 그리스 알파벳은 파이(π)와 같은 특정한 개념에 사용된다.

수학은 문화, 역사, 종교와 상관없이 시대를 초월하여 공유되는 유일한 언어이다. 1+1의 답은 항상 2이고, 원주율은 언제나 약 3.14…이다. 이것은 당신이 세계 어디에 있든 변하지 않는다. 역사상 모든 문명에는 수학이 존재하며 숫자와 기호는 변경될 수 있지만, 수학의 원칙과 개념은 시간이 지나도 유지된다. 이처럼 수학은 보편 언어이다.

쪽지 시험

1. 다음 중 수학에서 명사로 사용되는 것은 무엇일까?
   A. 곱셈   B. 숫자
   C. 나눗셈   D. 뺄셈

2. 어떤 알파벳이 변수를 나타낼 때 사용될까?
   A. 그리스 알파벳
   B. 라틴 알파벳

3. π의 값은 무엇인가? (소수점 두 번째 자리까지)
   A. 1 B. 3 C. 3.09 D. 3.14

4. 공식은 어떤 방향으로 읽어야 할까?
   A. 왼쪽에서 오른쪽으로
   B. 오른쪽에서 왼쪽으로

|10.5 기호와 개념

수학에는 특정한 의미를 전달하는 기호와 용어가 있다. 우리는 이러한 기호나 용어를 많이 알고 있고, 또 인식할 수 있어야 한다. 또한 수학은 세분될 수 있으며, 이러한 분류가 어떻게 사용되는지 그 방법을 이해하는 것이 중요하다.

수학은 대수학이나 기하학, 확률과 통계, 비율과 비 같은 분야로 나뉘어 설명된다. 이러한 분류의 차이점을 아는 것은 중요하다. 대수학은 문자와 기호를 사용해서 수식과 다항식에서 숫자를 나타내는 분야이다. 기하학은 모양, 크기, 위치, 각도, 치수를 연구하는 수학의 한 분야이다. 확률은 사건이 발생할 가능성에 관한 연구이다. 통계는 요소 간 관계가 있는지 확인하기 위해 데이터를 수집 및 분석하는 분야이다. 수학에서 비는 두 숫자의 크기 비교인 반면, 비율은 두 비가 같을 때를 나타낸다.

이전에 언급했듯이 특정 의미를 가진 기호들도 있다. 오른쪽 페이지에 표시된 것들은 대부분 유용하게 사용되는 수학적 기호들이다.

쪽지 시험

1. 다음 중 수학의 분야가 아닌 것은 무엇일까?

   A. 프랑스어　　B. 기하학

   C. 대수학　　　D. 통계

2. 대수학은 숫자 대신 무엇을 사용할까?

   A. 문자나 기호　B. 1과 0　C. 각도　D. +

3. 다음의 기호 중 제곱근을 나타내는 것은 무엇일까?

   A. +　B. √　C. ()　D. ÷

4. > 기호는 무엇을 나타낼까?

   A. 작다　B. 백분율　C. 크다　D. 같다

중요한 수학 기호들	
기호	**뜻**
+	덧셈
-	뺄셈
× *****	곱셈
÷ **/**	나눗셈
=	등호
<	부등호(작다)
>	부등호(크다)
°	각도
√	제곱근
2	제곱
.	소수점
,	구분 쉼표
( )	괄호
%	퍼센트

위의 표는 우리가 일상에서 매일같이 사용하는 수학 기호들을 정리한 것이다. 우리는 이것을 가능한 이해하고 사용할 줄 알아야 한다.

|10.6 컴퓨터 연산과 수학

19세기 찰스 배비지^{Charles Babbage}가 설계한 최초의 수학 계산표 분석 기계부터 에이다 러브레이스^{Ada Lovelace}의 초기 컴퓨터 프로그램에 이르기까지, 수학은 항상 컴퓨터 연산의 핵심이었다. 초기 컴퓨터는 숫자나 단어 또는 동작에 대한 코드로 0과 1만 사용하는 이진법에 기반해 간단한 작업만 수행했다. 하지만 오늘날의 컴퓨터는 엄청난 속도로 계산을 수행하는 데 사용된다. 만약 이 작업을 사람이 직접 하려면 수년이 걸릴 것이다.

이진법과 십육진법

십진법	이진법	십육진법
0	0	0
1	1	1
2	10	2
3	11	3
4	100	4
5	101	5
6	110	6
7	111	7
8	1000	8
9	1001	9
10	1010	A
11	1011	B
12	1100	C
13	1101	D
14	1110	E
15	1111	F

위의 표는 0에서 15까지의 숫자들을 컴퓨터 연산에 사용되는 이진법 코드, 십육진법 코드로 변환한 것이다.

토막 상식

이진법은 외계인에게 메시지를 보내기 위해 사용되어 왔다. 아레시보 메시지는 1974년 우주로 보내졌으며, 외계인들이 지구와 인류에 대해 이해할 수 있도록 우리에 대한 기본적인 정보를 담고 있다.

쪽지 시험

1. 이진법에 사용되는 숫자는 무엇일까?

2. 15를 이진법으로 표현해 보자.

3. 11을 십육진법으로 표현해 보자.

HTML 코딩

```html
<html lang="en">
<head>
  <meta charset="utf-8">

  <title>Math Made Simple</title>
  <meta name="description"
  content="Math Made Simple">

  <meta name="author"
  content="SitePoint">

  <link rel="stylesheet" href="css/
  styles.css?v=1.0">

</head>

<body>
  <script src="js/scripts.js"></script>
</body>
</html>
```

이제는 이진법 코딩이 아니라 HTML 템플릿처럼 수학적 규칙에 기반을 둔 문자와 기호를 사용하는 복잡한 코딩 방식들이 사용된다.

기계 컴퓨터가 개발되기 전까지 '컴퓨터'는 계산을 수행하는 사람을 지칭하는 말이었다. 이진법을 통해 컴퓨터의 새로운 기초가 형성되었으며, 실제로 이진법은 컴퓨터의 핵심 작동 방법이다. 이진수는 0과 1로 구성되며 다른 숫자는 사용하지 않는다. 이후 컴퓨터가 발전하면서 십육진법 시스템을 사용하기 시작했다. 십육진법은 숫자 0~9, 문자 A~F의 조합으로 이루어져 있으며, 덕분에 더 복잡한 언어와 계산이 가능해졌다. 이러한 이진법이나 십육진법 언어는 '코드'라고 하는 명령을 형성하여 컴퓨터가 수행할 작업을 알려준다. 요즘은 더 복잡한 코딩 언어가 사용되지만, 코드는 여전히 수학적 명령을 사용하여 실행된다. 현대 컴퓨터를 사용하면 복잡한 개념을 손으로 계산하는 것보다 훨씬 더 빠르게 계산할 수 있다.

|10.7 과학과 수학

과학에 있어 수학적 지식은 필수적이다. 수학은 과학적 개념을 발견하거나 설명하는 방법의 기초를 형성한다. 통계는 생물학에서 널리 사용되고, 방정식과 대수학은 화학 및 물리학에서 사용된다. 과학적 이론에 공식을 사용해 쓰기도 하며, 기초 산술을 통해 우리 주변의 세계에 대한 정보를 수집하고 저장할 수도 있다.

단숨에 알아보기
수학의 응용

$$2FE_2O_3 + 3C \rightarrow 4FE + 3CO_2$$

수학은 다음의 세 과학 분야에서 널리 응용된다
물리학에는 수학의 측정이 사용되어 우주의 매우 크거나 작은 물질들을 측정한다. 화학에서는 균형방정식을 적용해 실험을 진행한다. 그리고 생물학에서는 통계를 사용해 가설을 검증해야 한다.

물리학

수학을 적용해 세계와 우주의 법칙을 이해하는 것을 '물리학'이라고 한다. 대부분의 물리학 개념은 수학을 사용한다. 수학은 공식을 생성하는 데 사용되며 확립된 이론과 개념을 설명할 수 있다. 또한 우주의 원자나 거리, 그리고 원자(μg) 또는 별(톤)의 무게를 설명하는 데에는 측정 분야가 사용된다.

화학

화학은 화학 물질에 관한 연구로, 화학 물질이 무엇으로 만들어지고, 이것으로 무엇을 할 수 있는지, 또는 어떻게 결합하면 새로운 화학 물질을 만들 수 있는지 연구

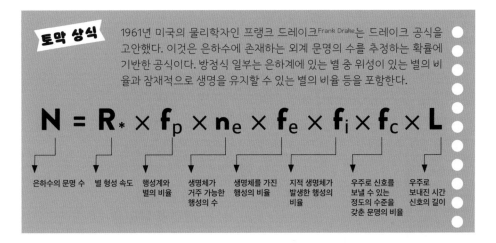

$$N = R_* \times f_p \times n_e \times f_e \times f_i \times f_c \times L$$

| 은하수의 문명 수 | 별 형성 속도 | 행성계와 별의 비율 | 생명체가 거주 가능한 행성의 수 | 생명체를 가진 행성의 비율 | 지적 생명체가 발생한 행성의 비율 | 우주로 신호를 보낼 수 있는 정도의 수준을 갖춘 문명의 비율 | 우주로 보내진 시간 신호의 길이 |

한다. 화학 방정식은 물질이 결합할 때 발생하는 화학 반응 또는 변화를 설명한다. 화학 반응에서는 화학 물질들의 비가 중요하다. 또한 정확한 수 또는 양만큼 만들어졌는지 확인하기 위해 기본 산술을 사용한다.

생물학

살아있는 유기체를 연구하는 생물학에서는 통계학이 광범위하게 사용된다. 생물학은 종종 두 가지 사물 또는 변수 사이의 관계에 중점을 둔다. 예를 들어 햇빛과 광합성 속도의 상관관계를 살펴보고자 생물학적 실험을 진행할 수 있다. 과학자들이 이 실험을 진행하기 위해서는 표준 측정 단위를 사용하는 방법과 정확하게 데이터를 수집하고 분석하는 방법을 알아야 한다. 그런 수학의 분야를 '통계'라고 부른다. 또한 과학자들은 적절한 방법을 사용해 데이터를 제시해야 한다.

|10.8 자연 속 수학

수학은 나무의 높이와 연간 성장률 같은 자연의 변화를 설명하는 데 사용된다. 또한 수학은 우리 주변 세계에서 발견되는 자연의 패턴을 설명하는 데에도 자주 사용된다. 초기 수학자들은 패턴을 살펴봄으로써 자연의 질서를 설명했다. 이번 장에서는 그중 네 가지, 즉 대칭, 프랙털, 나선, 테셀레이션을 살펴볼 것이다.

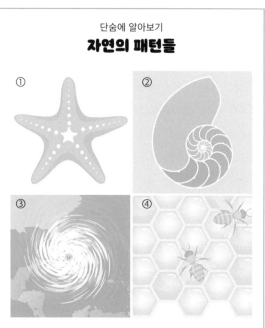

단숨에 알아보기
자연의 패턴들

①불가사리는 좌우 대칭의 예이다. 불가사리를 반으로 자르면 양면이 대칭된다. ②소라껍데기는 같은 모양이 점점 작아지는 패턴을 가지고 있으므로 열어보면 프랙털 패턴을 보일 때가 많다. ③허리케인과 토네이도와 태풍에서 볼 수 있는 나선형 패턴이다. ④벌집은 한 가지 모양이 계속해서 반복되는 테셀레이션 패턴의 대표적인 예시이다.

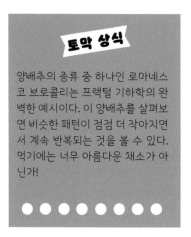

대칭은 자연 어디에나 있다. 가장 먼저 확인해 볼 일은 평균적인 사람의 몸이 대칭인지 보는 것이다. 자연에는 방사형 및 양측 대칭이 있다. 양측 대칭은 유기체의 양쪽 모양이 같다는 것을 나타낸다. 이것은 인간, 곤충, 새, 포유류, 거미 등에서 볼 수 있는 가장 일반적인 형태의 대칭이다. 방사 대칭은 모양이 중심점을 중심으로 대칭하는 것을 의미하며 보통 원형 또는 원뿔형이다. 이것은 해파리, 꽃, 말미잘 등에서 볼 수 있다.

40년 전 수학자인 브누아 B. 만델브로트Benoit B. Mandelbrot가 처음 설명한 **프랙털**은 서로 다른 축척에서 패턴이 반복되는 것이다. 나뭇잎 무늬와 나뭇가지는 서로 다른 크기나 규모가 반복되는 프랙털을 잘 나타내는 좋은 예시이다. 특히나 눈송이는 프랙털을 아름답게 표현하는 예시이다.

또한 **나선**도 자연에서 볼 수 있다. 허리케인, 토네이도, 또는 태풍은 은하와 마찬가지로 나선형을 띤다. 이것은 매우 일반적인 패턴이며 과학자들은 나선이 유기체가 성장하는 가장 효율적인 방법이라고 주장해 왔다. 수학자 피보나치Fibonacci는 자연의 질서를 이해하고자 식물의 나선 패턴을 연구했다. 그에 따르면 알로에를 포함한 여러 식물은 나선형으로 자란다.

테셀레이션은 반복되는 단위 또는 모양을 가진 패턴이다. 이는 프랙털과 비슷해 보이지만 반복되는 모양의 크기가 일정하다는 점에서 다르다. 벌집은 육면체 모양의 칸이 반복되어 복잡한 패턴을 만드는 잘 알려진 테셀레이션의 예시이다. 다이아몬드 모양이 반복되는 뱀 비늘 또한 하나의 예시이다.

수학의 기원과 활용

1. 인류가 처음 숫자를 센 것은 뼈에 표시를 새기는 것이었다. 이때 인류는 어떤 표시를 새겼을까?

   A. 라틴어 문자
   B. 탤리 마크
   C. 그리스 문자
   D. 현대의 숫자

2. 어느 시대의 사람들이 십진법을 도입했을까?

   A. 석기시대의 혈거인
   B. 고대 그리스인
   C. 고대 이집트인
   D. 현대인

3. 수학은 문제 해결에서 중요한 역할을 한다. 다음의 질문에 문제 해결 능력을 적용해 보자. 메기스는 자동차를 운전해 여행하려고 한다. 다음 중 고려하지 않아도 되는 것은 무엇일까?

   A. 차의 연료량
   B. TV의 크기
   C. 길 위의 도로공사
   D. 그녀가 운전해야 하는 거리

4. 조와 세 친구는 자선행사를 위해 케이크를 만들고 있다. 그들은 1시간 동안 케이크 2개를 만들 수 있고, 행사까지는 3시간이 남았다. 총 30개의 케이크가 필요하다고 할 때, 이들은 과연 행사 시간까지 케이크를 완성할 수 있을까?

   A. 그렇다
   B. 아니다

5. 수학은 보편적인 언어다. 이는 어떤 의미일까?

   A. 주변의 다른 언어와는 상관없이 수학의 규칙은 그대로 유지된다
   B. 주변의 다른 언어에 따라 수학의 규칙이 바뀐다

6. 다음 중 수학의 어떤 분야가 숫자 대신 문자를 사용할까?

   A. 기하학
   B. 비율
   C. 대수학
   D. 확률

7. '/' 기호는 어떤 연산에 사용될까?

   A. 덧셈
   B. 나눗셈
   C. 곱셈
   D. 뺄셈

8. 0과 1만을 사용하는 진법과 코드는 무엇일까?

   A. 십진법
   B. 십육진법
   C. 십육진법
   D. 이진법

9. 다음의 사물에서 발견된 패턴을 적어보자.

   a. 벌집:
   b. 거미줄:

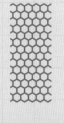

10장

간단 요약

수학은 우리 주변 세계의 기초를 형성한다. 오늘날 우리가 이해하는 수학의 역사는 전 세계적이며 보편적이다.

- 인간이 사용한 수학의 첫 번째 사례는 약 30,000년 전에 아프리카에서 발견된 레봄보 뼈에 남아있는 표시이다.
- 그리스 수학의 대부분은 기하학에 중점을 두었다.
- 수학은 기본 계산, 시간 말하기, 예산 책정 및 재정, 요리, 일반적인 문제 해결에 유용된다.
- 문제 해결 능력이 반드시 숫자로 계산하는 것을 말하는 건 아니다. 이는 가능성이나 양을 추정하는 것에 관한 것이다.
- 수학은 전 세계 어디에 가든 동일하므로 사람들이 다른 언어를 통해 배우고 의사소통하는 데 도움이 된다.
- 수학은 대수학, 기하학, 확률 및 통계, 비와 비율과 같은 분야로 나누어진다.
- 초기 컴퓨터는 0과 1만 코드로 사용하는 이진법을 사용했으며 간단한 작업만 수행했다.
- 과학적 이론은 종종 공식을 사용해 작성되며, 기본 산술은 우리 주변 세계에 대한 데이터를 수집하고 저장하는 데 사용된다.
- 수학은 대칭, 프랙털, 나선, 테셀레이션과 같은 우리 주변 세계에서 발견되는 자연 패턴을 설명하는 데 자주 사용된다.

정답

1장 쪽지 시험

1.1 숫자와 순서

1. 이만 이천 사백 육십 오

2. D

3. C

4. 홀수

1.2 음수

1. B

2. A

3. D

1.3 소수점은 무엇을 뜻할까?

1. C

2. D

3. C

4. 3.98, 3.982, 3.99,
   4.02, 4.091, 4.1

1.4 과학적 표기법, 지수식

1. 2×103

2. 5.721×107

3. 4×10-5

4. 6.92×10-9

1.5 반올림과 어림하기

1. B

2. A

3. A

4. D

1.6 한계 범위, 반올림의 오차

1. 2,025

2. 150

3. D

1.7 인수, 배수, 소수

1. 1, 2, 3, 4, 6, 12

2. D

3. 9, 18, 27, 36, 45

4. B

5. A

1.8 제곱과 세제곱

1. D

2. B

3. A

4. A

1장 퀴즈

1. A

2. 52, 72, 98, 99, 101, 111, 113,
   129, 132, 146

3. D

4. B

5. C

6. 6.872×106

7. 900

8. D

9. 1, 24, 2, 12, 3, 8, 4, 6

10. B

11. C

12.

숫자	제곱
1	1
2	4
3	**9**
4	16

5	25
6	36
7	49
8	64
9	81
10	100
11	121
12	144

2장 쪽지 시험

2.1 덧셈과 뺄셈

1. 5987

2. 101,987

3. 2813

4. 580

5. 97

2.2 곱셈

1. 102

2. 756

3. 216

4. 16,353

2.3 나눗셈

1. 12

2. 19 나머지 3 또는 $19\frac{3}{4}$

3. 52 나머지 3 또는 $52\frac{3}{8}$

4. 23 나머지 7 또는 $23\frac{17}{12}$

5. 422 나머지 1 또는 $422\frac{1}{22}$

2.4 사칙연산의 순서

1. D

2. B

3. D

4. A

2.5 암산

1. 235

2. 370

3. 364

4. 521

5. 576

2.6 10, 100, 1000 곱하기

1. A

2. D

3. C

4. D

2.7 10, 100, 1000으로 나누기

1. B

2. C

3. C

4. A

2.8 돈을 계산하는 방법

1. 2,700원

2. 147,550원

3. 라지 사이즈

2장 퀴즈

1. B

2. A

3. 133

4. 10,344

5. 28

6. 1458 나머지 4 또는 $1458\frac{4}{5}$

7. D

8. B

9. 453

10. 224

11. C

12. A

13. D

14. B

15. 7,000원

16. B

3장 쪽지 시험

3.1 분수

1. A

2. D

3. B

4. D

3.2 대분수와 가분수

1. $\frac{26}{9}$

2. $\frac{97}{12}$

3. $2\frac{1}{5}$

4. $7\frac{7}{11}$

3.3 분수 비교하기

1. $\frac{2}{15}$

2. $\frac{2}{6}, \frac{2}{5}, \frac{1}{2}, \frac{22}{3}$

3. $\frac{5}{9}$ 와 $\frac{30}{54}$

4. $1\frac{3}{7}, 1\frac{5}{11}, 1\frac{1}{2}$

3.4 분수의 덧셈과 뺄셈

1. $\frac{11}{12}$

2. $\frac{2}{5}$

3. $1\frac{37}{56}$

4. $5\frac{67}{72}$

3.5 분수의 곱셈과 나눗셈

1. $\frac{1}{3}$

2. $\frac{3}{32}$

3. $\frac{5}{21}$

4. $2\frac{1}{4}$

3.6 백분율

1. 25%

2. 12%

3. 84%

4. 64%

3.7 백분율을 분수와 소수로 변환하기

1. $\frac{23}{100}$

2. $\frac{11}{20}$

3. 0.39

4. 98%

3.8 분수를 소수로 변환하기

1. 0.03

2. 0.65

3. 0.375

4. 0.4444

3장 퀴즈

1. A

2. B

3. $\frac{47}{11}$

4. $7\frac{4}{7}$

5. A

6. $2\frac{1}{6}, 2\frac{2}{5}, 2\frac{5}{9}$

7. $3\frac{86}{99}$

8. $8\frac{13}{60}$

9. $\frac{4}{21}$

10. $\frac{28}{33}$

11. C

12. D

13. $\frac{16}{25}$

14. 0.37

15. 0.13

16. 0.22

4장 쪽지 시험

4.1 시간은 무엇일까?

1. pm 7:40

2. 23:55

3. C

4.2 측정 단위

1. B

2. B

3. C

4. A

4.3 파운드법 단위

1. 12인치

2. 16온스

3. 3야드

4. 5갤런

5. 36피트

4.4 미터법 단위

1. A

2. C

3. 350cm

4. 1.645km

5. 4,300g

4.5 단위 환산

1. 버티

2. 마가목

3. 93℃

4.6 둘레

1. 12cm

2. 30cm

3. 25.12cm

4.7 넓이 계산하기

1. A

2. 49cm

3. 40cm²

4. 254.34cm²

4.8 부피를 계산하기

1. 729cm³

2. 36cm³

3. 113cm³

4장 퀴즈

1. C

2. A

3. B

4. D

5. C

6. 4 파운드

7. 2,780m

8. A

9. 512mm³

10. (a) 둘레= 20m, 넓이= 25m²

(b) 둘레= 24cm, 넓이= 27cm²

(c) 둘레= 20m, 넓이= 14m²

(d) 둘레= 25.2cm,

넓이= 50.24cm²

5장 쪽지 시험

5.1 평면도형

1.

2. B

5.2 입체도형

1. D

2. A

3. C

5.3 전개도

1. 원뿔

2. 정육면체

3. 사각뿔

4. 삼각기둥

5.4 각을 측정하고 식별하는

　　방법

1. A

2. C

3. 모서리

4. 90°, 180°

5.5 기하학의 규칙들

1. C

2. 90°

3. B

4. 120°

5.6 대칭선

1. C

2. A

3. B

5.7 평행선의 각

1. B

2. C

5.8 지도와 방위각

1. 시계방향

2. B

5장 퀴즈

1. D

2. C

3. A

4. D

5. B

6. B

7. A

8. C

9. B

10. B

6장 쪽지 시험

6.1 비

1. D

2. A

3. B

4. D

6.2 비를 사용해 환산하기

1. 15센티미터

2. 2:4:2:2

6.3 정비례

1. 7,000

2. 2,555마일

3. 48권

6.4 복합 증가와 복합 감소

1. 55,125,000원

2. 87,500원

6.5 압력, 힘, 면적

1. 7.5Pa

2. 50psi

3. 2m²

4. 35lb

6.6 백분율의 변화율

1. D

2. C

3. a)1.20   b) 12송이

4. a)0.85   b) 34ld

6.7 지도와 축척

1. 4in

2. 7in

3. 10km

6.8 밀도와 속도

1. 11.5lb/ft³

2. 400g

3. 180마일

4. 0.5mi/hr

6장 퀴즈

1. A

2. D

3. C

4. B

5. D

6. A

7. a) 0.58

  b) 나뭇잎 145개

8. B

9.

거리
속도 × 시간

7장 쪽지 시험

7.1 기호 사용하기

1. D

2. B

3. A

7.2 공식 만들고 사용하기

1. W= NR+B

2. A= HB

3. T= 4+2n

7.3 다항식

1. X-50

2. 10+B

3. 200÷T

7.4 단순화

1. 3X+4Y

2. 11X

3. 9C-8B+A

4. 24E2+7E

5. 60X³

7.5 괄호 풀기

1. 30X+6

2. 18Y-8Z

3. 10Z-90

7.6 인수분해

1. 2(Y-7)

2. 4(3X+2)

3. X(X+8)

4. Y(Y-12)

7.7 방정식을 사용해 문제를 해결하기

1. 물감 4병과 붓 10개, 물감 6병과 붓 5개

7.8 패턴과 수열

1. 이전 항에 4를 더하는 수열

2. 이전 항에서 9를 빼는 수열

3. 이전 항을 2로 나누는 수열

4. 이전 항에서 2를 빼는 수열

5. 81

7장 퀴즈

1. D

2. A

3. D

4. A

5. C

6. C

7. B

8. D

9. a) 총액= 테이블의 가격×테이블의 수+의자의 가격×의자의 수+방석의 가격×방석의 수

b) 400= 100t+25c+10s

c) 8

10. 이전 항에서 8을 빼기

11. 피보나치 수열

8장 쪽지 시험

8.1 확률: 가능성 계산하기

1. C

2. D

8.2 결과 세어 보기

1. a) 64 가지 결과

b) 0.02

2. a) 1,296

b) 0.06

8.3 사건이 일어나지 않을 확률

1. D

2. $\frac{5}{6}$ 또는 0.833

3. C

8.4 확률 실험

1. A

2. C

8.5 AND/OR 규칙

1. D

2. 0.33

3. A

8.6 트리 다이어그램 수형도

1. $\frac{16}{49}$

2. $\frac{12}{49}$

3. $\frac{25}{49}$

8.7 조건부 확률

1. A

2. C

8.8 집합과 벤 다이어그램

1. {1, 4, 9, 16, 25, 36, 49, 64, 81, 100}

2. $\frac{9}{50}$

8장 퀴즈

1. A

2. B

3. D

4. B

5. C

6. B

7.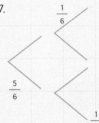

8.

축구　　테니스

14　3　7

9장 쪽지 시험

9.1 데이터를 표로 제시하기

1. 오전 수업 일정

	사라	제니퍼	한나
9:00	영어	영어	수학
10:00	수학	미술	지리
11:00	스페인어	미술	스페인어
12:00	점심	점심	점심

9.2 일정표와 시간표

1. D

2. C

3. B

4. D

9.3 막대그래프

1. C

2. B

3. A

9.4 픽토그램

1. B

2. A

3. 🦖🦖🦖🦖

4. C

9.5 산점도

1. A

2. B

3. B

9.6 선그래프

1. B

2. B

3. C

4. A

9.7 원그래프

1. A

2. C

3. B

4. D

9.8 평균: 산술적 평균, 중앙값, 최빈값

1. a) 63, 63, 64, 64, 64, 64, 64, 65, 65, 65, 65, 67, 67, 68, 69

   b) 65℃

   c) 64℃

   d) 65.1℃

9장 퀴즈

1. a) 25분

   b) am 8:37

---

2. 월요일 ☕☕☕☕
   화요일 ☕☕☕
   수요일 ☕
   목요일 ☕☕◗
   금요일 ☕☕☕☕☕☕

3. C

4. a) 4온스 b) 5온스 c) 5.8온스

10장 쪽지 시험

10.1 수학의 역사

1. B

2. D

3. 기하학

4. A

10.2 현대의 수학

1. B

2. C

10.3 문제 해결 능력

1. D

2. A

3. B

10.4 보편적 언어

1. B

2. A

3. D

4. A

10.5 기호와 개념

1. A

2. A

3. B

4. C

10.6 컴퓨터 연산과 수학

1. 0과 1

2. 1111

3. B

10.7 과학과 수학

1. 물리학

2. 공식 또는 방정식

3. 통계학

10.8 자연 속 수학

1. C

2. A

3. B

4. D

10장 퀴즈

1. B

2. C

3. B

4. B

5. A

6. C

7. B

8. D

9. a) 테셀레이션

b) 대칭(특히 좌우 대칭)

용어 사전

대수학 숫자를 대신해 문자나 기호를 사용해 공식과 방정식과 다항식을 만드는 수학의 분야.

면적(넓이) 평면도형이 차지하는 공간을 제곱 단위로 측정한 것; in^2, cm^2.

평균 데이터를 요약하여 그룹 간의 비교를 가능하게 하는 숫자; 산술적 평균, 최빈값, 또는 중앙값
을 의미할 수 있다.

방위각 항해에 사용되는 각도로 진북을 기준으로 시계방향으로 측정된다.

상관관계 두 변수 사이의 관계로 양의 관계 또는 음의 관계를 가진다.

인수 어떤 수를 정수로 정확하게 나누는 수.

공식 기호나 문자를 사용해 쓰여진 수학적 규칙 또는 관계식.

기하학 사물의 크기와 모양과 차원과 각을 다루는 수학의 분야.

그래프 데이터 집합 간의 비교를 쉽게 하기 위해 데이터를 제시하는 방법.

가분수 분자가 분모보다 큰 분수.

대분수 정수와 분수가 합쳐진 분수.

배수 어떤 수의 곱셈표에 속한 수.

수열 특정한 패턴을 따르는 숫자의 나열.

둘레 평면도형의 외곽을 따라 측정한 거리(원의 경우 원주라고 한다).

다면체 평평한 면을 가진 3차원 모양.

압력 주어진 넓이에 가해지는 힘을 측정한 것으로 파스칼(Pa) 또는 psi 단위로 측정된다.

소수 자기 자신과 1만을 인수로 가지는 숫자.

확률 어떤 일이 일어날 가능성.

곱 두 개 이상의 수를 곱한 값.

비율 두 수량이 연관되어 있는 정도. 두 개 이상의 수량의 관계.

정다각형 변의 길이가 같고 각이 서로 같은 평면도형(정삼각형, 정사각형 등).

모양 전개도 접으면 입체도형이 되도록 입체도형을 잘라서 만든 평면도형.

제곱수 같은 숫자를 두 번 곱해서 얻은 수.

통계 관계가 존재하는지 알아보기 위해 수치 데이터를 분석하는 것.

합 두 개 이상의 수를 더한 값.

항 공식 내에서 사용되는 기호나 문자나 숫자 또는 그것들의 조합.

부피 입체도형이 차지하는 공간을 세제곱 단위로 측정한 것; in^3, cm^3.

가장 단순하게
수학을 말하다

초판 1쇄 발행   2021년 11월 19일

지은이   케이트 러켓
옮긴이   김수환
발행인   곽철식

외주편집 구주연
디자인   박영정
펴낸곳   다온북스
인쇄   영신사

출판등록   2011년 8월 18일 제311-2011-44호
주소   서울시 마포구 토정로 222, 한국출판콘텐츠센터 313호
전화   02-332-4972   팩스   02-332-4872
전자우편   daonb@naver.com

ISBN   979-11-90149-72-3 (04400)

- 다온북스는 독자 여러분의 아이디어와 원고 투고를 기다리고 있습니다.
  책으로 만들고자 하는 기획이나 원고가 있다면, 언제든 다온북스의 문을 두드려 주세요.